全国船舶工业职业教育教学指导委员会推荐教材

钢结构制作与安装

（第2版）

主　编　王建红
主　审　杨文林

哈尔滨工程大学出版社
Harbin Engineering University Press

内容提要

《钢结构制作与安装》(第2版)分为上、下两篇,分别介绍了钢结构零部件的制作及现场安装施工。其中上篇详细讲解了放样和号料、切割技术、成形加工技术、制孔技术、矫正技术和组装。下篇详细讲解了单层钢结构的安装、多层及高层钢结构的安装、钢网架结构的安装和压型金属板的安装。本书图文并茂,用二维码的方式呈现图片和视频资料,以及全书课件资料。

本书可作为高等院校建筑钢结构工程技术专业、钢结构企业的培训教材,也可供从事钢结构方面工作的技术人员参考。

图书在版编目(CIP)数据

钢结构制作与安装/王建红主编.—2版.—哈尔滨:哈尔滨工程大学出版社,2021.8
ISBN 978-7-5661-3111-9

Ⅰ.①钢… Ⅱ.①王… Ⅲ.①钢结构-结构构件-制作②钢结构-建筑安装 Ⅳ.①TU391②TU758.11

中国版本图书馆CIP数据核字(2021)第156407号

选题策划 史大伟 薛 力
责任编辑 张志雯
封面设计 李海波

出版发行 哈尔滨工程大学出版社
社 址 哈尔滨市南岗区南通大街145号
邮政编码 150001
发行电话 0451-82519328
传 真 0451-82519699
经 销 新华书店
印 刷 北京中石油彩色印刷有限责任公司
开 本 787 mm×1 092 mm 1/16
印 张 9.5
字 数 203千字
版 次 2021年8月第1版
印 次 2021年8月第1次印刷
定 价 28.00元
http://www.hrbeupress.com
E-mail:heupress@hrbeu.edu.cn

前　言

钢结构的应用极其广泛，在机械、建筑、船舶等各产业中，扮演着重要的角色。为满足钢结构发展对专业人才的需求，在总结近年来教学实践的基础上，我们根据高职高专建筑钢结构工程技术专业教学要求，结合国家双高高职院校建设的教学实践，组织编写了《钢结构制作与安装》（第 2 版）。本教材在编写过程中，突出以下特点：

1. 符合国家双高课程教材建设要求，注重培养学生的动手能力，做到教、学、做一体化。

2. 教材力求内容精简，概念准确，实践重于理论。

3. 参考 2020 年颁布的《钢结构工程施工质量验收标准》（GB 50205—2020）编写。

4. 插图位置准确、规范。

5. 附有图片、视频、微课的二维码，便于读者以不同方式学习参考。

本教材由渤海船舶职业学院王建红担任主编，杨文林教授担任主审。具体分工如下：渤海船舶职业学院王建红编写了概述、任务 1.1～任务 1.6 及任务 2.1～任务 2.4。沈阳星尔建筑科技有限公司王兴编写了上篇和下篇中的拓展学习、工程案例以及课后巩固，同时提供了教材图片二维码资源。渤海船舶职业学院王建红、齐蕴思提供了教材任务导学图片资源、微课二维码资源以及课件资源。王建红负责全书内容的组织和统稿。

尽管我们在编写过程中做了很多努力，但由于编者水平有限，书中内容仍有不妥之处，恳请各位读者在使用过程中给予批评指正，以便在修订时改进。

编　者

目　录

上篇　钢结构零部件的制作

概　　述

建筑钢结构的制造工艺程序与机械制造工艺程序基本相同,需在产品制造的基础上,进行安装工程的施工,完成建筑钢结构工程的建设。建筑钢结构的制造工艺程序一般包括:准备、放样、号料、成形、组成、焊接(或其他连接方式)、检验等。建筑钢结构各工艺程序包括的具体工作内容如下。

1. 准备工作

制造加工前的准备工作包括:图纸会审、加工工艺制定、工装设备准备和检修及设定、生产组织及人员配备、工地场地安全检查、原材料及半成品进场验收等。准备工作是工艺技术实施的基础条件,材料进程验收以保证质量符合要求是关键工序。

2. 放样工艺

以工件图样和技术要求为依据,采取展开放样的方法,将工件分件放样,确定其形状和外形尺寸,制定样板(或文字记录)为工件下料做好准备。展开放样是钢结构制造的重要依据,必须保证准确无误。放样后,可以按要求号料,号料力求节约、合理、便于下料加工。

3. 下料成形工序

该工序是以工件放样的样板(或文字记录)为依据,在工件的毛坯上(钢板和型钢等)号料画线,通过切割、弯曲、压弯、冲裁或机械加工等成形方法将工件下料后的毛坯材料按图纸和技术要求加工成形并调整、矫正以符合要求。工件加工成形工序应保证产品零件的组装质量。

4. 组装焊接工序

该工序是将符合要求的产品零件进行修整,按图样所示关系位置要求连接在一起,并用焊接等方法定位,使其形成符合要求的工件整体。装配前必须按图纸要求,对加工成形的零部件的质量缺陷进行矫正,才能保证组装质量符合要求。钢结构的连接方式包括焊接、铆接、螺栓连接和胀接等。焊接时钢结构组装工序的范畴对于建筑安装企业来说也可以独立成为安装工序。

5. 检验工程

检验贯穿于钢结构制造的各加工工序中,工件按工序要求完成后应按图纸和相关规范标准要求进行工序质量检验。产品的零部件经过质量检验合格后，才能进行工件的组装焊接。组装焊接完成后，工件进行产品质量终检合格，才能准予出厂。建筑钢结构安装完成后，应按《钢结构工程施工质量验收标准》(GB 50205—2020)要求进行检验，合格后才能交付使用。

本篇以钢结构零部件加工制作流程为主线来实施，学生需要完成六个任务单的工作：

任务1.1　放样和号料

任务1.2　切割技术

任务1.3　成形加工技术

任务1.4　制孔技术

任务1.5　矫正技术

任务1.6　组装

通过本篇的学习，使学生能够熟悉并掌握钢零件、钢部件的加工技术及质量要求，钢结构组装与预拼装的方式、方法；掌握钢结构加工制作的安全技术以及钢结构成品检验、堆放、包装与运输的要求。培养学生合作交流、分析问题、编制工艺文件的能力，使其能够独立自主学习新技术。

任务 1.1　放样和号料

【学习任务单】

<table>
<tr><td>学习领域</td><td colspan="2">钢结构制作与安装</td></tr>
<tr><td>上篇</td><td>钢结构零部件的制作</td><td>学时</td></tr>
<tr><td>学习任务 1.1</td><td>放样和号料</td><td>4</td></tr>
<tr><td>学习目标</td><td colspan="2">1. 知识目标
(1)掌握放样的技术要求
(2)掌握样板、样杆的制作
(3)掌握号料的技术要求
2. 能力目标
(1)能正确根据相关要求施工图纸进行放样
(2)能在团队合作的基础上,进行各类型钢的画线和号料
3. 素质目标
(1)培养学生严谨认真的工作态度
(2)培养学生具有环保意识,节约钢材
(3)培养学生具有团队协作意识</td></tr>
<tr><td>学习资源</td><td colspan="2">教材、多媒体课件、教学动画、教学录像、任务单等</td></tr>
<tr><td>学习要求</td><td colspan="2">1. 认真进行课前预习,充分利用学习资源
2. 充分发挥团队合作精神,正确完成学习任务
3. 相互学习,相互借鉴,提高学习效率</td></tr>
</table>

在钢结构制造厂中从事放样与号料的操作工,不但要学会看图,而且要依照施工详图的要求,把构件的形状按实际尺寸画在样板台上。对需要展开的构件,还应画出各种辅助图,或者通过计算得到实际尺寸来制作样板。

任务导学:放样与号料

放样工应熟悉整个钢结构加工工艺,了解工艺流程及加工过程,还应了解钢结构加工过程中需用机械设备的性能及规格。在整个钢结构制造中,放样工作是非常重要的一环,因为所有的零件尺寸和形状都必须先行放样,然后依样进行加工,最后才把各个零件装配成一个整体。因此,放样工作的准确与否将直接影响产品的质量。有条件时应采用计算机辅助放样和号料,可提高工作精度和效率。

一、放样

放样与号料图片

放样是整个钢结构制作工艺中的第一道工序,也是至关重要的一道工序。放样即按照技术部门审核通过的施工详图,以 1∶1 的比例在样板台上弹出实样,求取实长,根据实长制成样板。号料以样板为依据,在原材料上画出实样,并打上各种加工记号。

1. 放样工具、量具及使用方法

在放样画线时,常使用的工具有画针、直尺、圆规、角尺、曲线尺、粉线、墨线、样冲、手锤等。

(1)画针

画针主要用于在钢板表面上画出凹痕线段,通常采用直径4~6 mm,长200~300 mm的弹簧或高速钢制成,其尖端必须经过淬火,以提高硬度。有的画针还在尖端焊上一段硬质合金,然后磨尖,以保持长期锋利。为使所画线条清晰正确,针尖必须磨得锋利,其角度应为15°~20°。

在结构放样和装配时,为了在平台上立体画线或找正装配工件的定位,往往将画针用加紧螺栓固定在画线盘的支柱上,用画针完成画线工作。有时还将画针固定在画规上,用于画与型钢平行的直线。

(2)直尺和角尺

直尺也称"钢板尺",是用不锈钢板条制成的长度量具,有200 mm、300 mm、500 mm、1 000 mm等长度规格。直尺除用于量度尺寸外,在画线中还常作为画直线或曲线的依靠工具。

角尺有扁平的和带筋的两种。扁平的角尺主要用于画直线,以及检验工作装配角度的正确性,也适用于在钢板上画线。它一般采用2~3 mm厚的钢板或不锈钢板制成。使用带筋角尺时,可以将角尺的筋座靠在型钢的直边上,画出与直边垂直的线,其适用于各种型钢的画线或结构放样、立体放样。

(3)圆规

圆规用于在钢板上画圆、圆弧或分量线段的长度,常用的有普通圆规和弹簧圆规两种。圆规一般采用中碳钢或工具钢制成,两脚要磨成长短一致,脚尖能靠紧合拢,以便能画较小的圆弧。脚尖应保持锋利,耐磨性好。使用圆规时,以旋转中心的一脚尖插在作为圆心的孔眼内定位,另一脚则以较轻的压力在钢板表面上画出圆弧,这样可使中心不移位。

需要画大圆或大圆弧时可应用长杆地规。长杆一般为表面磨光的钢管,在长杆上套有两只可以移动调节的圆规脚,圆规脚位置调整后用紧固螺钉锁紧。长杆地规可画出不同半径的大圆或大圆弧。

(4)粉线和墨线

画较长的直线时很难一次用直尺完成,如果用直尺分几段画出直线则不够准确。只有应用粉线或墨线才可以提高画长直线工作的效率与质量。

(5)样冲与手锤

样冲可使钢板上画出的线段保存下来。作为施工过程中的依据或检查标准,需要在画线后用样冲沿线冲出小眼痕迹作为标记。样冲的尖端要经过淬火并磨成45°~60°的圆锥形。一般样冲使用的材料为弹簧钢或工具钢。

使用样冲时先将尖端置于所画线上,然后将样冲竖直于钢板,用手锤轻击其顶端,冲出孔痕。样冲冲出的孔痕可以长期保存作为放样画线的依据。

手锤是配合样冲使用的工具,一般采用小磅量的手锤(大约为0.2 kg)。大磅量的手锤也可以用于调整样板和其他轻微敲击。

放样画线的工具还有铁剪、纸剪、铅笔（记号笔）和水平仪、经纬仪等。

2. 放样的工作内容和作用

放样可分为线性放样、结构放样、展开放样三大类。通常放样一般要完成以下任务。

（1）复核施工图

详细复核施工图所表现的构件各部投影关系、尺寸以及外部轮廓形状（曲线或曲面）是否正确并符合设计要求。施工图一般是缩小比例绘成的。各部分投影及尺寸关系未必十分准确，外部轮廓形状（尤其为一般曲面时）能否完全符合设计要求，较难确定。而放样图因可采用 1∶1 比例绘制，故设计中问题将充分显露，便于解决。

（2）结构处理

在不违背原设计要求的前提下，依工艺要求进行结构处理应在结构放样以后进行。结构处理主要是考虑原设计结构从工艺性看是否合理、是否优越，并处理因所用材料、设备能力和施工条件等因素影响而出现的结构问题。下面举例对放样过程中的结构处理予以说明。

如图 1.1(a)所示为一圆锥台容器的端部结构，其中角钢圈起着加固连接的作用。由于此角钢圈的断面形状为“劈八字”，在加工时通常需要热煨。在制造该产品时，根据本厂拥有滚板机和型钢冷弯机的条件，决定在不降低原设计强度的条件下，将角钢圈改为如图 1.1(b)所示的两件组合形式。改进后的两件可分别在滚板机和型钢冷弯机上加工成形，改善了生产条件，提高了生产效率，并保证了产品质量。

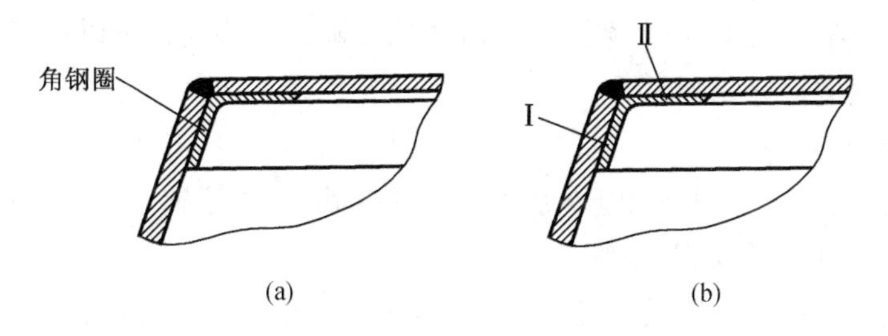

图 1.1　圆锥台容器局部视图

（3）算料与展开

算料与展开是利用放样图，结合必要的计算，求出构件用料的真实形状和尺寸，有时还要画出与之连接的构件的位置线，即位置相互关系。

（4）设计所需胎膜

设计所需胎膜即依据构件的加工要求，利用放样图样工件的形状和尺寸，设计构件加工所需胎膜的形状和尺寸。例如，压制压力容器的封头时，必须先将封头线性放样后，才能根据放样图确定封头加工胎膜的形状和尺寸。

（5）为后续工序做准备

为后续工序提供数据资料，即绘制工号料、画线用的草图，制作各类加工样板、样杆和样箱等。某些构件还可以直接利用放样图进行装配时定位，即所谓“地样装配”依据,钢结构桁架类构件的装配就必须采用这种方法。

从广义上讲,建筑安装工程的测量放线,其实就是按施工图的要求1∶1地在地面上进行建筑物的放样工作。

3.放样画线的程序和做法

实际放样在放样平台上进行,一般放样平台用铸铁或厚度12 mm以上的低碳钢板制成。实际放样就是在放样平台上采用1∶1的比例进行放样。这里以普通金属结构为例,介绍实际放样的程序。

(1)线性放样

线性放样就是根据施工需要,绘制构件整体或局部在平面上的投影轮廓(1∶1)。

①根据所要绘制的图样的大小和数量,安排好各个图样在放样面上的位置,为了节省放样平面的面积和减轻放样劳动,大型结构的放样也可以采用部分视图重叠或对称图形减半放样的方法进行。例如,大型对称结构的钢屋架的放样就可以用上述方法进行。

②选定放样画线基准。放样画线基准就是放样画线时,用以确定其他点、线、面的位置的依据。在施工图上,本身就有确定点、线、面相对位置的基准,称为设计基准。在线性放样时的基准通常与设计基准一致。放样画线时的基准一般可按如下三个方式选择:

a.以两个相互垂直的线(或面)作为基准,如图1.2(a)所示。

b.以两条中心线为基准,如图1.2(b)所示。

c.以一个平面和一条中心垂线为基准,如图1.2(c)所示。

③线性放样以画出设计要求必需的轮廓为主,而那些在工艺加工中需补充的线条可以暂时不画出来,以免造成放样画线的混乱。这些线条可以在工件加工时,以基准为依据进行补充画线。

(2)结构放样

结构放样也称立体放样,是在线性放样的基础上,依据施工要求进行工艺性处理的过程,它一般包括如下内容。

①确定各种组合位置及连接形式。在实际生产中,由于材料规格及加工条件等限制,往往需要将原设计中的构件分为几部分加工、组合(或拼接)。这时,就需要根据构件实际情况和规范标准要求,正确合理地确定组合位置及连接形式。此外,对原设计中的连接部位结构形式要进行工艺分析,其不合理的部分应加以修改。

②根据加工工艺及工厂实际生产加工能力,对结构中的某些部位或部件进行必要的改动。但这些修改要保证符合设计要求。主要工作有计算或量取零部件长度及平面零件的实际形状,绘制号料草图,绘制号料样板、样杆及样箱;或按一定规格编制数据资料,供下道工序加工使用。

③根据各加工工序的需要,设计胎具或胎架,绘制各类加工、装配草图,制作各类加工、装配用样板。

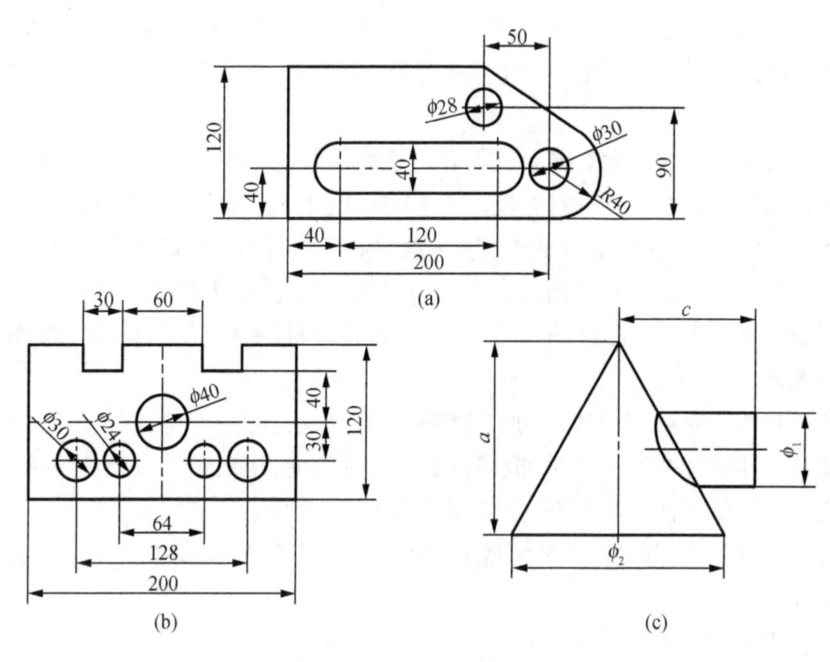

图 1.2　放样画线基准①

(3)展开放样

在结构放样的基础上,对不能反映实形和需要表面展开的部件,应用展开放样求得实形。展开放样是相对比较复杂的钢结构工艺技术,具体包括以下内容。

①板厚处理。根据施工中的各种因素合理考虑板厚的影响,画出展开构件的单线投影图(即所谓理论线),以便据此做展开放样。

②展开作图。即利用已画出的构件单线投影图,运用投影理论和钢结构展开的基本方法,作出构件的展开图。

③根据已作出的构件展放图,制作号料样板和制造样板。

二、画线和号料

画线和号料图片

钢结构的制造过程中,通过放样和展开作出样板或统计数据的草图后,可以进行画线和号料工作。画线和号料是下料的依据,其正确性是下料质量的保证,所以在下料以前先要做好画线和号料工作。

(1)画线和号料的工具

在钢材上进行画线时,常用的工具有画针、画规、直尺、角尺、水平尺、钢尺(盒尺、钢板尺)、样冲、曲线尺、手锤、粉线、墨线和石笔等。

(2)画线和号料的基本要求

①熟悉施工图样和产品制造工艺,合理安排各零件号料的先后次序,零件在材料上位置的排布应符合制造工艺的要求。

---

① 根据 CAD 软件绘图要求,书中零件图的尺寸单位如无特殊说明,均为毫米(mm)。

②根据施工及号料图样,验明样板、样杆、草图及数据;核对钢材排号、规格,保证图样、样板、材料三者一致。对重要产品所用的材料,应有检验合格证书,并在号料前进行验证。

③检验所用钢材有无裂缝、夹层、表面疤痕或厚度不均匀等缺陷,并根据产品的技术要求酌情处理。当材料有较大变形,影响号料精度时,应先进行矫正。

④号料前,应将材料垫放平整、稳妥,既要利于号料和画线的精度,又要保证安全和不影响他人工作。号料场地应配有警示牌,以防其他人员进入号料现场造成不必要的失误和损失。正确使用号料工具、量具、样板和样杆,尽量减小操作引起的号料偏差。

⑤号料和画线后,在零件的加工线、焊接缝以及孔的中心位置等处,应根据加工需要打上印或样冲眼。同时,按样板上的技术说明,用白铅油或磁漆标注清楚,为下道工序提供方便。其文字、符号、线条应端正、清晰。

⑥需要剪切的零部件,号料时应考虑剪切线是否合理,避免发生不适于剪切操作的情况。

(3)型钢材料的画线和号料

①角钢画线时,应将样杆与角钢一边靠正,然后用小角尺把样杆上的断线及眼孔线等分别画在角钢上,再用画线尺画出孔的中心线(图1.3)。

② 槽钢画线时,样杆应放在腹板上,画出相应长度,再用小角尺画到翼缘上(图1.4)。

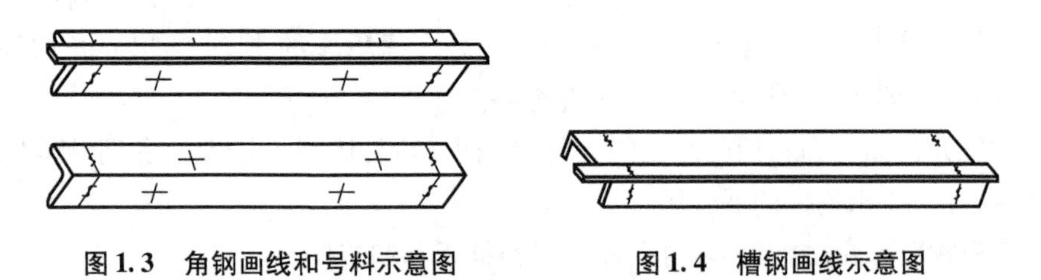

图1.3　角钢画线和号料示意图　　**图1.4　槽钢画线示意图**

③工字钢和H型钢画线时,可用特制的卡板在两端画出工字钢或H型钢上下翼缘及腹板的中心点,用粉线弹出中心线,把样杆放在腹板中心线旁画出相应长度,再用样板和卡板画端头(图1.5)。

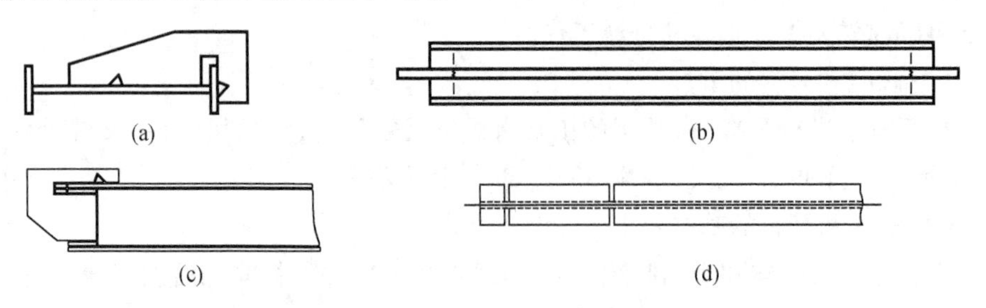

图1.5　工字钢、H型钢画线示意图

三、样板、样杆及样箱

由于工件加工或组装的需要，通常放样以后就着手制作样板、样杆及样箱。

1. 样板的分类

(1)号料样板

它是供号料或号料同时号孔的样板，如需制造胎架，还应包括胎架号料用样板。图 1.6 所示为一个单一号料样板。如果样板较大，可用文字资料记录。

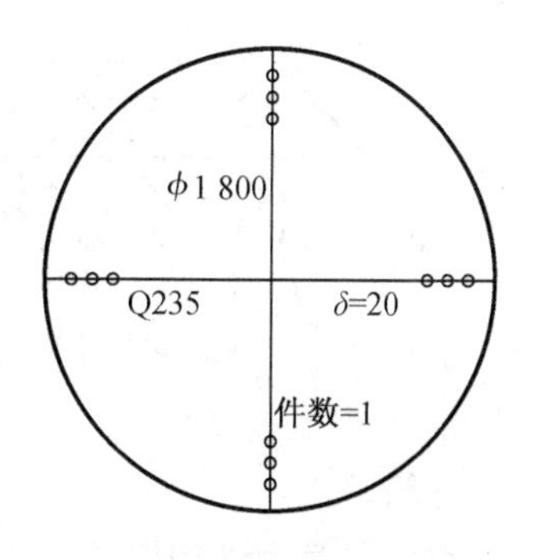

图 1.6　圆形底板号料样板

(2)成形样板

它是用于检验成形加工的零件形状、角度、曲率半径及尺寸的样板。它又可分为以下几种。

①卡形样板，主要用于检查弯曲件的角度或曲率(图 1.7)，即是用于检验筒体和正锥台弯曲形成其内口曲率的样板。

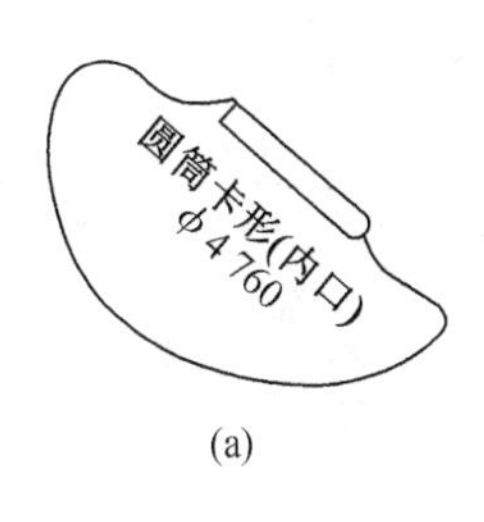

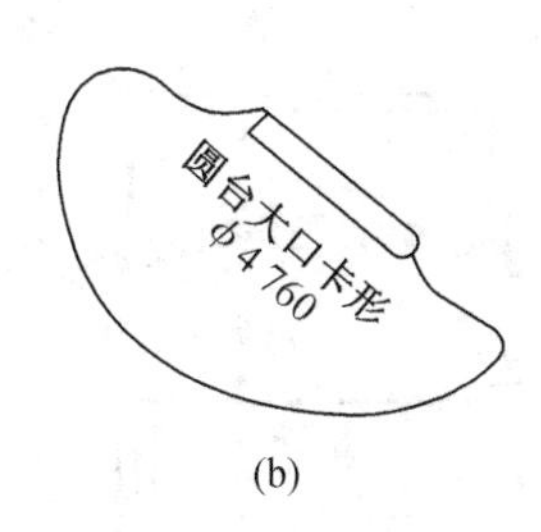

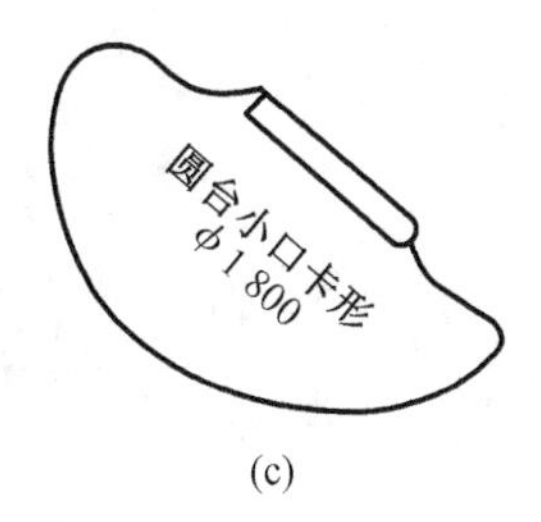

图 1.7　卡形样板

②验形样板，主要用于检查成形加工后零件整体或某一局部的形状和尺寸。对于具有双重曲度的复杂构件，常常需要制作一组样板。验形样板有时兼做二次号料用。

(3)定位样板

它用于确定构件之间相对位置(如装配线、角度、斜度)和各种孔口的位置及形状。图 1.8 所示为一装配定位样板，即用于构件组队角度位置的样板。

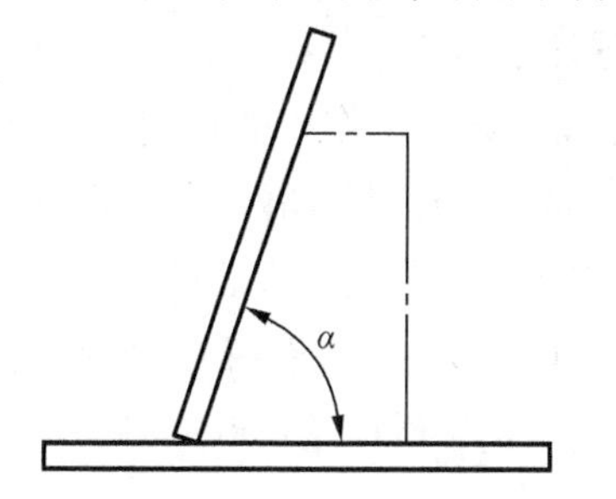

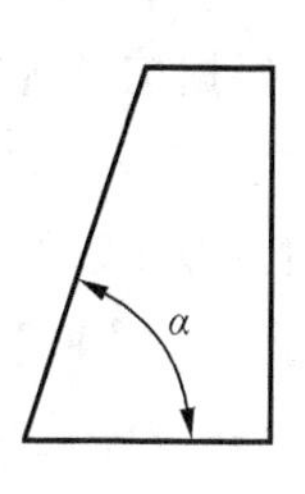

图 1.8　装配定位样板

2. 样杆

样杆主要用于定位,有时也用于简单零件的号料。定位样杆上应标有定位基准线。样杆常用于钢管、型钢工件的下料。角钢工件下料样杆如图1.9所示。

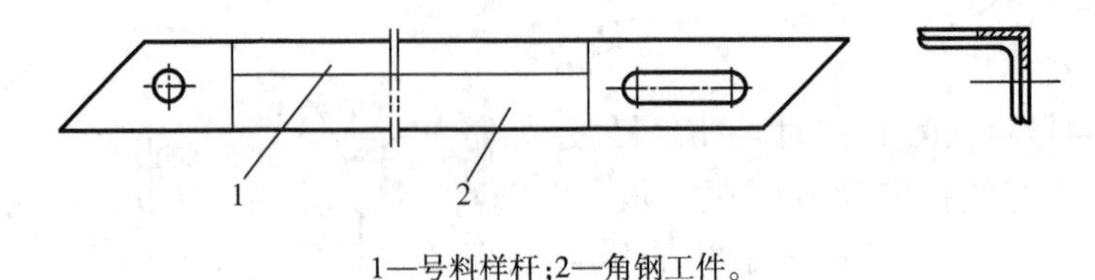

1—号料样杆;2—角钢工件。

图1.9　角钢工件下料样杆

3. 样箱

在组装工序中常用样箱作为组装样板。图1.10所示为压力容器附件"管座"组装时用的样箱。使用时样箱与管座用螺栓紧固在一起进行组装定位,可以快捷地将管座定位,并进行定位焊接,确保组装定位的质量。

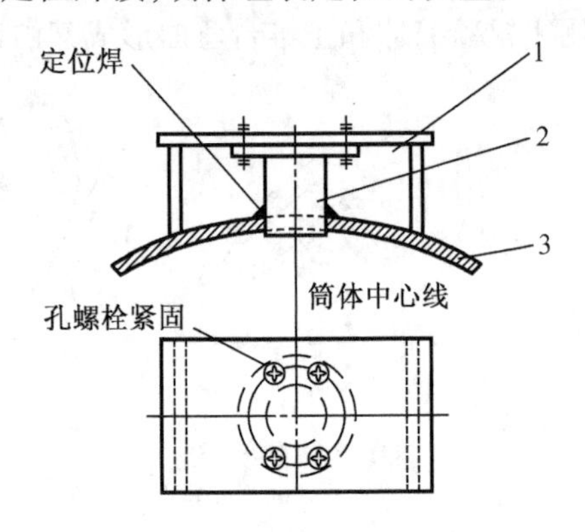

1—组装样箱;2—管座;3—容器筒体。

图1.10　压力容器管座组装样箱

管座在利用样箱组对时,可以保证并检验筒体中心线与样箱中心线(即法兰中心线)平行重合。

4. 注意事项

(1)样板、样杆的材料不够大或不够长时,可接大接长后使用,但必须符合规定。样杆的长度应根据构件的实际长度或按工作线的长度,再加放50~100 mm。

(2)制成的杆要用锋利的画针、尖锐的样冲和凿子做上记号,记号要又细又小又清楚。样板应用剪刀或者切割机来切边,以使样板边缘整齐。

(3)样板、样杆上应用油漆写明工作令号、构件编号、大小规格、数量,同时标注上眼孔直径、工作线、弯曲线等各种加工符号。特殊的材料还应注明钢号。所有字母、数字及符号应整洁、清楚。

(4)样板、样杆上常用的符号如图1.11所示。

(5)铁皮样板上的眼孔线、弯曲线及中线,为了便于画线,可在眼孔十字线处用凿子挖去图中黑影部分。

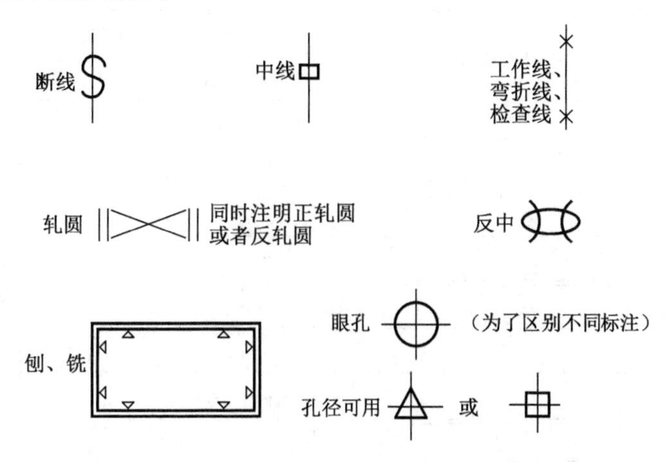

图 1.11 样板、样杆上常用的符号

(6)型钢号料画线样板,应画上型钢的断面及方向以免搞错。长度样杆用小扁钢制成,需要割斜或者挖角弯形的,则必须用薄铁皮另制作头、挖角样板。

(7)号料后需要进行刨或者铣边加工的零件,就在样板上放出加工余量。剪切后加工的一般每边放 3 ~4 mm,气割后加工的则需每边放 4 ~5 mm。

(8)上下弦水平支撑长度若超过 6 m 时,其两端眼孔之间的距离应缩短 3 ~4 mm。焊接结构的构件,在做样板时应考虑预放焊接收缩值。收缩值的多少见表 1. 1、表 1. 2、表 1. 3。

表 1. 1 工字型构件(梁或柱身)焊接加劲板时的收缩值

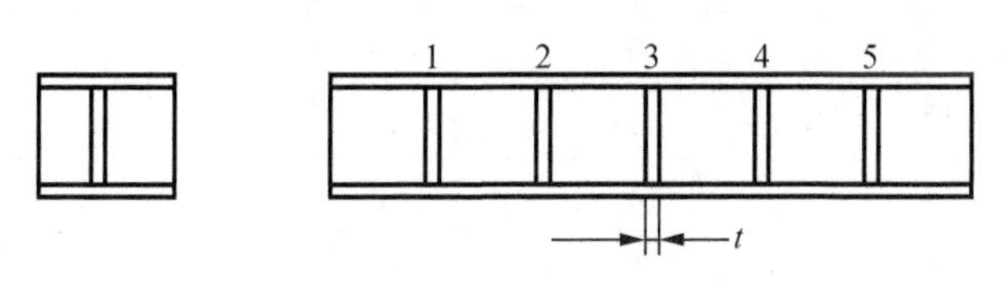

t—加劲板的厚度;1 ~5—5 对加劲板。

加劲板的厚度 t/mm	收缩数值(指一对加劲板)/mm
6	1
8	1
10	0.6
12	0.57
16	0.55

表1.2 各种钢材焊接接头的收缩值(手工焊) (单位:mm)

名称	接头式样	收缩(一个接头处)		注释
		$t=8\sim16$	$t=20\sim40$	
钢板对接		1~1.5	1~1.5	
槽钢对接		1~1.5		大规格型钢的收缩值比较小
工字钢对接		1~1.5		

表1.3 焊接屋架、桁架的收缩值

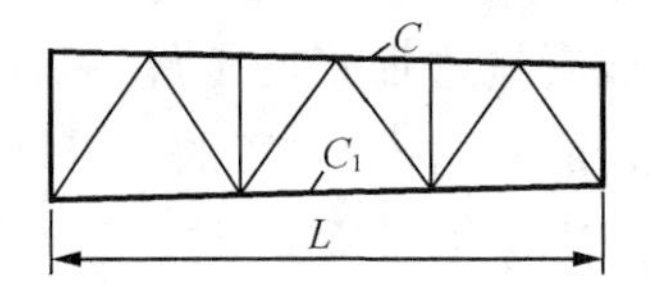

L—构件长;C—上弦杆;C_1—下弦杆。 (单位:mm)

C 及 C_1 主杆的角钢规格	主杆夹的连接板厚	焊肉	收缩值(L 为 1 m 时收缩的数值)
∟75×75×8	8	6	0.9
∟90×90×(8~10)	8	6	0.6
∟100×100×10	10	6	0.55
∟120×120×12	12	8	0.5
∟130×130×14	14	10	0.45
∟150×150×16	16	10	0.4
∟200×200×(14~24)	16	10	0.2
∟75×100×8	8	6	0.65
∟120×80×(8~10)	10	6	0.5
∟150×100×12	12	8	0.4

(9)制作样板、样杆,可直接用尺按图示尺寸或计算出的尺寸或展开得到的尺寸,画在样板铁皮上或样杆上,也可采用覆盖过样法从大样上画出样子。

(10)样板、样杆完成后应先自检,再经检验部门检验合格后方可使用。

任务 1.2　切割技术

【学习任务单】

学习领域	钢结构制作与安装	
上篇	钢结构零部件的制作	学时
学习任务 1.2	切割技术	4
学习目标	1. 知识目标 (1)掌握剪切的工艺要求 (2)掌握锯割的技术要求 (3)掌握气割的技术要求 (4)掌握等离子切割的技术要求 2. 能力目标 (1)能熟练操作锯割机 (2)能熟练操作气割机 (3)能熟练操作等离子切割机 3. 素质目标 (1)培养学生严谨认真的工作态度 (2)培养学生施工作业安全意识 (3)培养学生具有团队协作意识	
学习资源	教材、多媒体课件、教学动画、教学录像、任务单等	
学习要求	1. 认真进行课前预习,充分利用学习资源 2. 充分发挥团队合作精神,正确完成学习任务 3. 相互学习,相互借鉴,提高学习效率	

一、剪切

任务导学:
切割技术

1. 剪切机的种类和结构

剪切机的种类和结构形式很多,按传动方式来分有机械传动和液压传动两种,按工作性质来分有剪板机、型钢冲剪机以及既能剪切钢板又能剪切型钢和进行冲孔的联合冲剪机。

2. 剪切时注意事项

(1)剪刀刃口必须锋利,剪刀材料应为碳素工具钢和合金工具钢,发现损坏或者迟钝需及时检修磨砺或更换。

(2)上下刀刃的间隙必须调节适当,间隙过大,剪切时材料容易发生翻翘,并造成切口断面粗糙和产生毛刺,因此应该根据板厚进行调整。剪切板厚与刃口间隙的关系如图 1.12 所示。

(3)剪切角钢的刀片,内圆弧应根据角钢的半径 R 而变化,当角钢为∟30~∟130

时,R 为4~12 mm。可把刀片的 R 分做成4~5级,使用时便于随时调换(图1.13)。

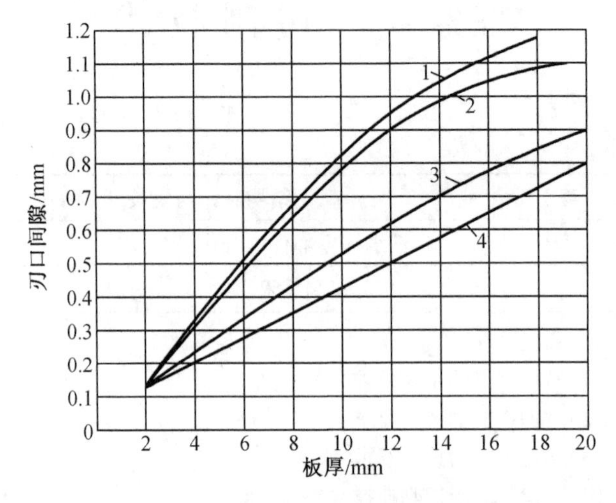

1—Q235;2—(A5);3—65Mn;4—Cr18。

图1.12　板厚和刃口间隙的关系

(4)当一张钢板上排列许多个零件并有几条相交的剪切线时,为不造成剪切困难,应预先安排好合理的剪切程序后再进行剪切(图1.14)。

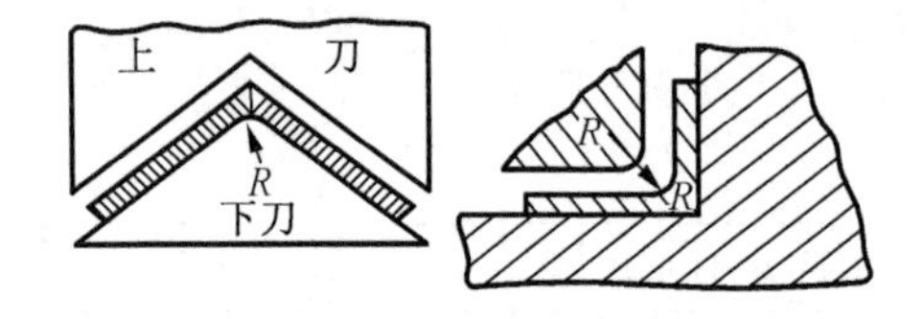

图1.13　刀片的内圆弧与角钢的关系

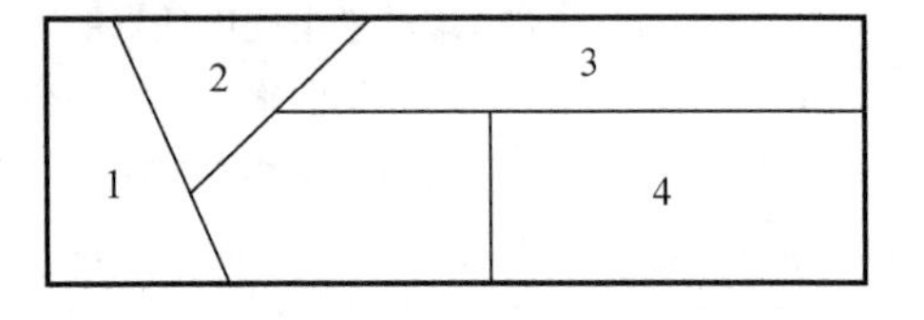

图1.14　剪切程序图

(5)剪切时,将剪切线对准下刃口,在普通剪板机上剪切时,初剪的长度不宜过长,第一刀为3~5 mm,以后每刀为20~30 mm,当剪开200 mm左右,剪缝足以卡住上下剪刀时,就可推足进行剪切了。

(6)在龙门剪板机上剪切时,剪切的长度不能超过下刀刃长度,剪切狭料时,压料架如不能有效地压紧板料的情况下,可利用垫板压紧并剪切,如图1.15所示。成批剪切相同尺寸的零件时,利用挡板来定位,可以提高剪切效率,如图1.16所示。

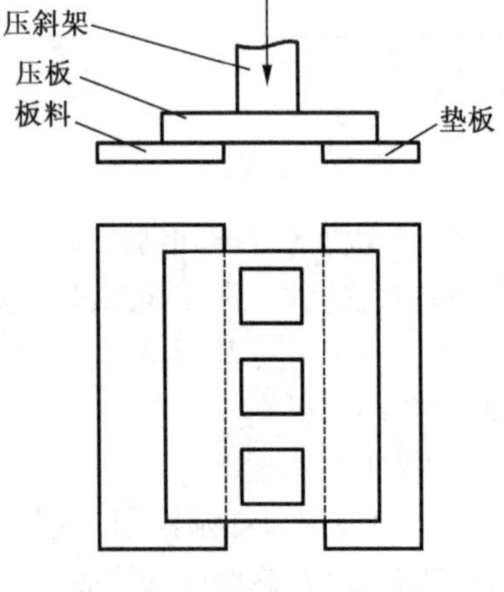

图1.15　利用垫板压紧剪切

为了保证零件的剪切质量,还必须注意下列几点:

(1)材料剪切后的弯扭变形,必须进行矫正。

(2)材料剪切后,发现断面粗糙或带有毛刺,必须修磨光洁。

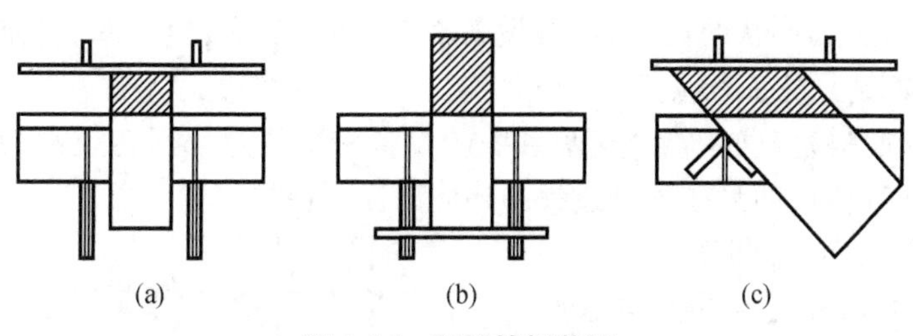

图 1.16　利用挡板剪切

(3)剪切过程中,切口附近的金属,因受剪力而发生挤压和弯曲,从而引起硬度提高,材料变脆的冷作硬化现象,必须重视这一缺点。重要的结构件和焊缝的接口位置,一定要用铣、刨或者砂轮磨削的方法将硬化表面加工清除。

二、锯割

锯割(微课)

1. 锯割的种类

在钢结构制造厂中,常用的锯割机械有弓形锯、带锯、圆盘锯、摩擦锯和砂轮锯等,锯割机械的主要用途是切割各类型钢。

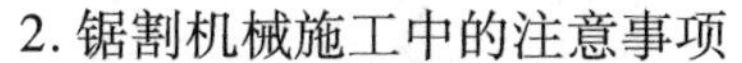

2. 锯割机械施工中的注意事项

(1)型钢应预先经过校直,方可进行锯切。

(2)所选用的设备和锯片规格,必须满足构件所要求的加工精度。

(3)单件锯切的构件,先画出号料线,然后对线锯切。号料时,需留出锯槽宽度(锯槽宽度为锯片厚度+(0.5~1.0) mm)。成批加工的构件,可预先安装定位挡板进行加工。

(4)加工精度要求较高的重要构件时,应考虑留放适当的精加工余量,以供锯割后进行端面精铣。

3. 锯割精度

锯切设备的工作精度主要是指锯割后断面相对轴线的不垂直误差值,与机床的性能及锯片的刚度有关。各类锯割机床,实际能够达到的工作精度见表 1.4。

表 1.4　各类割锯机床能达到的精度

图例	切割断面对轴线的不垂直度 a/mm			
	弓锯床	带锯床	圆盘锯	砂轮锯
a	0.4/100	0.4/100	0.15/100	0.15/100

三、气割

气割(微课)

气割以氧气和可燃气体混合燃烧时产生的高温来熔化钢材,并以高压氧气流予以氧化和吹除,形成割缝而达到切割的目的。气割的用途极广,利用气割可以切割各种各样厚度和形状的钢材,而且设备简单,费用低廉,生产率高,使用灵活,因此在钢结构制造厂中获得广泛应用。

实训操作:气割设备及操作(微课)

气割必须在检查确认整个气割系统的设备和工具全部运转正常,并确保安全的条件下才能进行,而且在气割过程中还应该注意保持:

(1)气压稳定,不漏气。

(2)压力表,速度计等正常无损。

(3)机体行走平稳,使用轨道时要保证平直和无振动。

(4)割嘴气流畅通,无污损。

(5)割炬的角度和位置准确。

气割的允许偏差应符合表1.5的规定。

表1.5 气割的允许偏差 (单位:mm)

项目	允许偏差
零件宽度、长度	±3.0
切割面平整度	$0.05t$,且不大于2.0
割纹深度	0.3
局部缺口深度	1.0

注:t为板材厚度。

气割时应该选择正确的工艺参数(如割嘴型号、氧气压力、气割速度和预热火焰的能效等),工艺参数的选择主要根据气割机械的类型和可切割的钢板厚度确定。工艺参数对气割的质量影响很大,常见的气割断面的缺陷与工艺参数的关系见表1.6。

表1.6 常见气割断面缺陷及其产生原因

缺陷名称	图示	产生原因
粗糙		切割氧压力过高,割嘴选用不当;切割速度太快;预热火焰能率过大
缺口		切割过程中断,重新起割衔接不好;钢板表面有厚的氧化皮、铁锈等;切割坡口时,预热火焰能率不足;半自动气割机导轨上有脏物
内凹		切割氧压力过高,切割速度过快
倾斜		割炬与板面不垂直,风线歪斜,切割氧压力低或割嘴型号偏小

表 1.6(续)

缺陷名称	图示	产生原因
上缘熔化		预热火焰太强,切割速度太慢,割嘴离割件太近
上缘呈珠链状		钢板表面有氧化皮、铁锈;割嘴到钢板的距离太短,火焰太强
下缘粘渣		切割速度太快或太慢,割嘴型号太小,切割氧压力太低

预热火焰根据其形状和性质不同有碳化焰、氧化焰和中性焰三种(图 1.17)。切割时通常采用对高温金属没有增碳和氧化作用的中性焰,而且要调节好切割氧气射流(风线)的形状,使其达到并保持轮廓清晰,并且风线长、射力高。

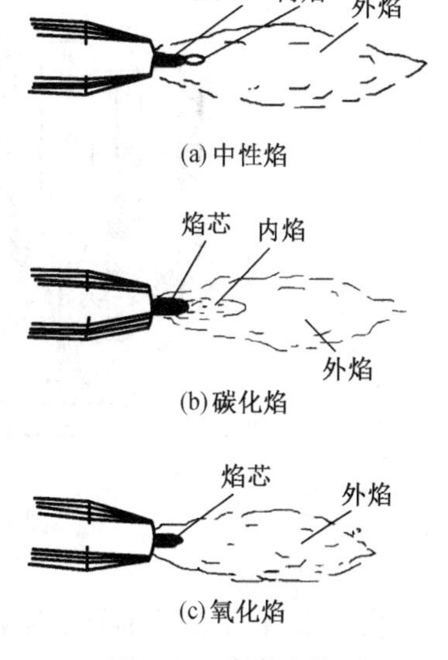

(a) 中性焰
(b) 碳化焰
(c) 氧化焰

图 1.17　预热火焰

气割时,必须防止回火,回火的实质是:氧 - 乙炔混合气体从割嘴内流出的速度小于混合气体燃烧速度。造成回火的原因有:

(1) 皮管太长,接头太多或皮管被重物压住。

(2) 割炬连续工作时间过长或割嘴过于靠近钢板,使割嘴温度升高,内部压力增加,影响气体流速,甚至混合气体在割嘴内自燃。

(3) 割嘴出口通道被溶渣或杂质阻塞,氧气倒流入乙炔管道。

(4) 皮管或割炬内部管道被杂物堵塞,增加了流动阻力。

(5) 割嘴的环形孔道间隙太大,当混合气体压力较小时,流速过低也易造成回火。

发生回火时,应及时采取措施,将乙炔皮管折拢并捏紧,同时紧急关闭气源,一般先关闭乙炔阀,再关氧气阀,使回火在割炬内迅速熄灭,稍待片刻,再开启氧气阀,以吹掉割炬内残余的燃气和微粒,然后再点火使用。

为了防止气割变形,操作中应遵循下列程序:

(1) 大型工件的切割,应先从短边开始。

(2) 在钢板上切割不同尺寸的工件时,应先割小件,后割大件。

(3) 在钢板上切割不同形状的工件时,应先割较复杂的,后割较简单的。

(4) 窄长条形板的切割,长度两端留出 50 mm 不割,待割完长边后再割断,或者采用多割炬的对称气割方法。

等离子切割(微课)

等离子切割原理(微课)

四、等离子切割

等离子切割是应用特殊的割炬,在电流、气流及冷却水的作用下,产生高达20 000~30 000 ℃的等离子弧熔化金属而进行切割的技术,它的优点是:

(1)能量高度集中,温度高而且具有很高的冲刷力,可以切割任何高熔点金属、有色金属和非金属材料。

(2)由于弧柱被高度压缩,温度高、直径小、冲击力大,所以切口较窄,切割边的质量好,且切速高,热影响区小,变形也小,切割厚度可达150~200 mm。

(3)成本较低,特别是采用氮气等廉价气体后,成本更为降低。

等离子弧切割目前主要用于不锈钢、铝、镍、铜及其合金等,还部分地代替氧炔焰,切割一般碳钢和低合金钢。另外由于等离子弧切割具有上述优点,在一些尖端技术上也被广泛采用。

等离子弧的发生装置如图1.18所示。

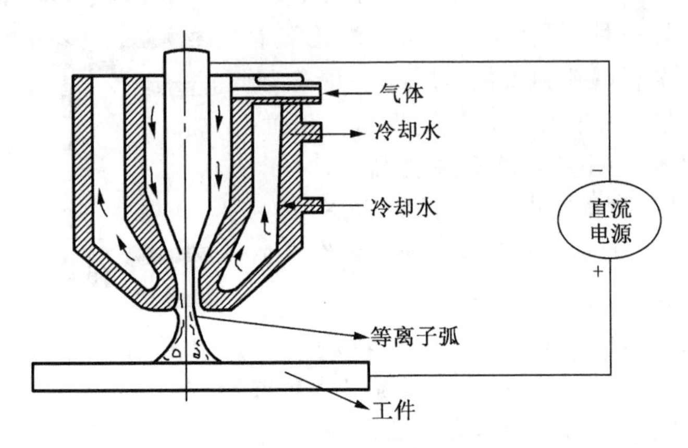

图1.18 等离子弧发生装置

电极接直流电源的负极,割件接正极,在电极和割件间加上一较高的电压,经过高频振荡器的激发,使气体电离形成电弧,然后将氩气或氮气在很高的压力和速度下,围绕电弧吹过电弧放电区域,由于电弧受热压缩、机械压缩和磁压缩的作用,弧柱直径缩小,能量集中,弧柱温度很高,气体电离度很高,这种高度电离的离子流以极高速度喷出,形成明亮的等离子焰流。任何金属在等离子弧的作用下,都会立即熔化,并将熔化的金属吹掉形成切缝。

等离子切割机参数图片

等离子切割机有手把式和自动式两种类型。

等离子切割时应注意:

(1)切割回路采用直流正接法,即工件接“+”,钨棒接“-”,以使等离子弧能稳定燃烧,减少电极烧损。

(2)电极端部发现烧损时应及时修磨,要保持电极与喷嘴之间的同心度,以使钨极端部向喷嘴周围均匀放电,避免烧损喷嘴和产生双弧。

(3)切割过程中,必须注意割轮与工件始终保持垂直,以免产生熔瘤。

(4)为保证切割质量,手工切割时,不得在切割线上直接引弧、转弧,切割内圆或内部轮廓时，应先在板材上预先钻出 $\phi12$ mm ~ $\phi16$ mm 的孔，切割由孔开始进行。

(5)自动切割时，应事先调节好切割规范和小车速度。

(6)切割结束后，关闭“自动”“调高”开关，再退出其他操作。

等离子切割属于机械剪切，其允许偏差应符合表 1.7 的规定。机械剪切的零件厚度不宜大于12.0 mm，剪切面应平整。碳素结构钢在环境低于 -16 ℃，低合金结构钢在环境温度低于 -12 ℃时，不得进行剪切、冲孔。

表 1.7　机械剪切的允许偏差　(单位：mm)

项目	允许偏差
零件宽度、长度	±3.0
边缘缺棱	1.0
型钢端部垂直度	2.0

任务 1.3　成形加工技术

【学习任务单】

学习领域	钢结构制作与安装	
上篇	钢结构零部件的制作	学时
学习任务 1.3	成形加工技术	4
学习目标	1. 知识目标 (1)掌握弯曲的分类和用途 (2)掌握弯曲的操作要领 (3)掌握卷板的工艺要求 (4)掌握常见的边缘加工方法 (5)掌握模具的分类和用途 2. 能力目标 (1)能熟练操作卷板机和压力机 (2)能熟练操作四辊卷板机 3. 素质目标 (1)培养学生严谨认真的工作态度 (2)培养学生的安全操作意识 (3)培养学生具有团队协作意识	
学习资源	教材、多媒体课件、教学动画、教学录像、任务单等	
学习要求	1. 认真进行课前预习，充分利用学习资源 2. 充分发挥团队合作精神，正确完成学习任务 3. 相互学习，相互借鉴，提高学习效率	

任务导学：成形加工技术

在钢结构制造中,成形加工主要包括弯曲、卷板(滚圆)、边缘加工、折边和模具压制五种加工方法。

弯曲(微课)

一、弯曲

弯曲加工是根据构件形状的需要,利用加工设备和一定的工、模具把板材或型钢弯制成一定形状的工艺方法。

在钢结构的制造过程中,弯曲成形的应用相当广泛,用弯曲方法加工的构件种类非常多,由于所用设备和工具的不同,弯曲的方法也就不同,各有特点。具体选用哪一种弯制方法,应根据构件的技术要求和已有的设备条件决定。下面就各种弯制方法和工艺等进行介绍。

1. 弯曲分类和用途

弯曲按加工方法分为压弯、滚弯和拉弯,如图 1. 19 所示。

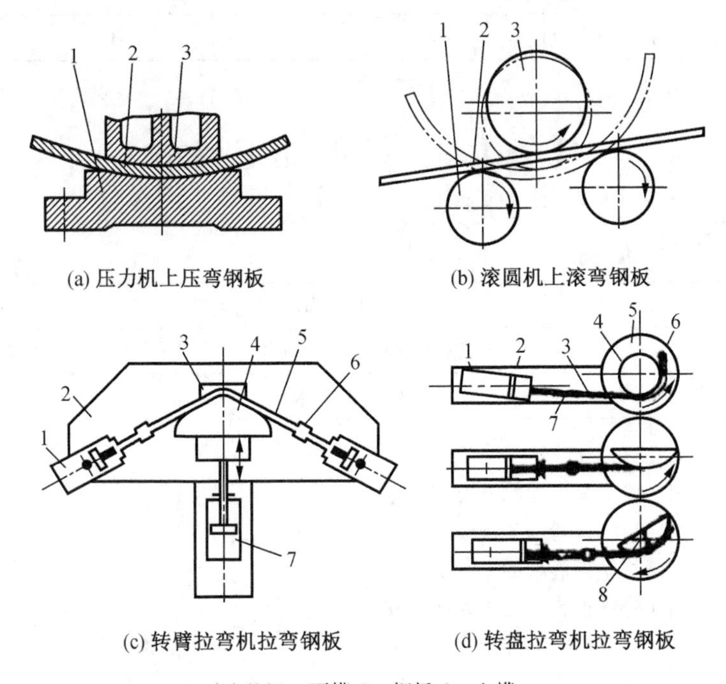

(a) 压力机上压弯钢板　(b) 滚圆机上滚弯钢板

(c) 转臂拉弯机拉弯钢板　(d) 转盘拉弯机拉弯钢板

(a)(b)1—下模;2—钢板;3—上模。

(c)1—油缸;2—工作台;3—钢板;4—固定凹模;5—拉弯模;6—夹头;7—油缸。

(d)1—油缸;2—工作台;3—钢板;4—固定夹头;5—转盘;6—拉弯模;7—夹头;8—靠模。

图 1. 19　弯曲加工方法

图 1. 19(a)所示为用压力机上压弯钢板,适用于一般直角弯曲(V 形件)、双直角弯曲(U 形件),以及其他适宜弯曲的构件。

图 1. 19(b)所示为用滚圆机上滚弯钢板,适用于滚制圆筒形构件及其他弧形构件。

图 1. 19(c)和图 1. 19(d)所示分别为用转臂拉弯机和转盘拉弯机拉弯钢板,主要用于将长条板材拉制成不同曲率的弧形构件。

弯曲按加热程度分为冷弯、热弯。

冷弯是在常温下进行弯制加工,适用于一般薄板、型钢等的加工。

热弯是将钢材加热至 950 ~ 1 000 ℃,在模具上进行弯制加工,适用于厚板及较复杂形状构件、型钢等的加工。

2. 弯曲加工工艺

(1)最小弯曲半径

弯曲件的圆角半径不宜过大,也不宜过小。圆角半径过大时因回弹影响,使构件精度不易保证,过小则容易产生裂纹。根据实践经验,钢板最小弯曲半径在经退火和不经退火时较合理推荐数值见表 1.8,型钢最小弯曲半径见表 1.9。

表 1.8　钢板最小弯曲半径

	板材	弯曲半径(R)	
		经退火	不经退火
	钢 Q235,15,30	$0.5t$	t
	钢 A5,35	$0.8t$	$1.5t$
	钢 45	t	$1.7t$
	铜	—	$0.8t$
	铝	$0.2t$	$0.8t$

表 1.9　型钢最小弯曲半径

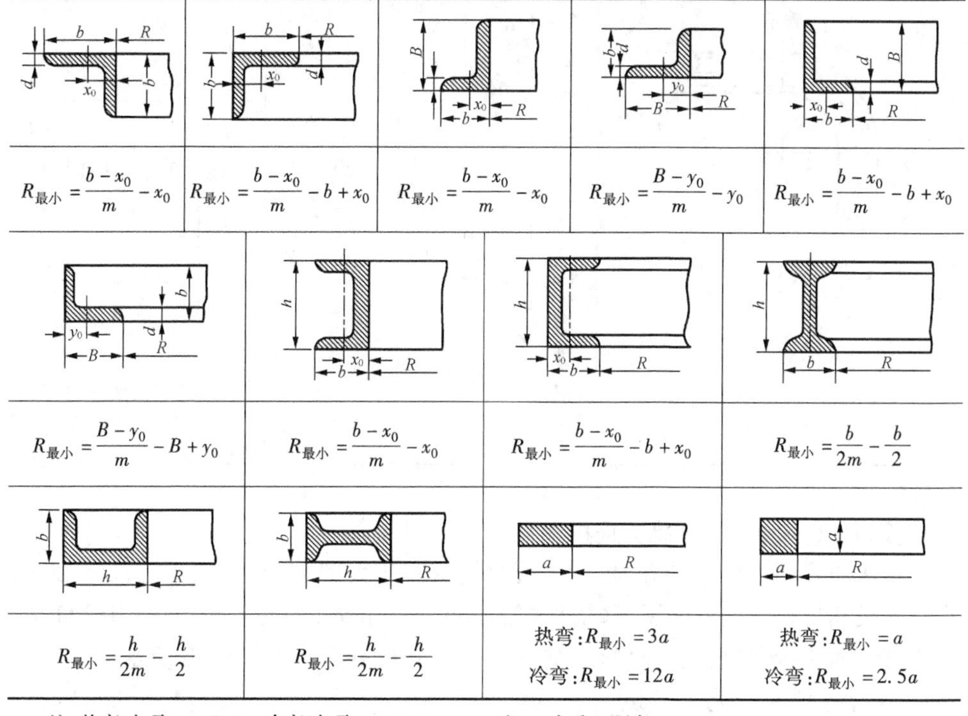

$R_{最小}=\frac{b-x_0}{m}-x_0$	$R_{最小}=\frac{b-x_0}{m}-b+x_0$	$R_{最小}=\frac{b-x_0}{m}-x_0$	$R_{最小}=\frac{B-y_0}{m}-y_0$	$R_{最小}=\frac{b-x_0}{m}-b+x_0$

$R_{最小}=\frac{B-y_0}{m}-B+y_0$	$R_{最小}=\frac{b-x_0}{m}-x_0$	$R_{最小}=\frac{b-x_0}{m}-b+x_0$	$R_{最小}=\frac{b}{2m}-\frac{b}{2}$
$R_{最小}=\frac{h}{2m}-\frac{h}{2}$	$R_{最小}=\frac{h}{2m}-\frac{h}{2}$	热弯:$R_{最小}=3a$ 冷弯:$R_{最小}=12a$	热弯:$R_{最小}=a$ 冷弯:$R_{最小}=2.5a$

注:热弯时,取 $m=0.14$;冷弯时,取 $m=0.04$;z_0、y_0 和 x_0 为重心距离。

圆钢在冷弯曲时的弯曲半径一般应使 $R \geqslant d$,在特殊情况下允许采用表 1.10 的数值。

表 1.10　圆钢最小弯曲半径推荐数值　(单位:mm)

d	6	8	10	12	14	16	18	20	25	30
$R_{最小}$	4		6		8		10		12	14

管子最小弯曲半径推荐数值见表 1.11。

表 1.11　管子最小弯曲半径推荐数值　(单位:mm)

<table>
<tr><th>材料</th><th colspan="2">弯曲工艺</th><th>管子外径 d</th><th colspan="4">弯曲外径 R≥</th></tr>
<tr><td rowspan="6">钢管</td><td colspan="2">热弯</td><td>任意值</td><td colspan="4">3d</td></tr>
<tr><td rowspan="5">冷弯</td><td>焊接钢管</td><td>任意值</td><td colspan="4">6d</td></tr>
<tr><td rowspan="4">无缝钢管</td><td>5~20</td><td rowspan="4">壁厚≤2</td><td>4d</td><td rowspan="4">壁厚≫2</td><td>3d</td></tr>
<tr><td>>20~35</td><td>5d</td><td>3d</td></tr>
<tr><td>>35~60</td><td>—</td><td>4d</td></tr>
<tr><td>>60~140</td><td>—</td><td>5d</td></tr>
<tr><td rowspan="2">钢管铝管</td><td colspan="2" rowspan="2">冷弯</td><td>≤8</td><td colspan="4">2d</td></tr>
<tr><td>>18</td><td colspan="4">3d</td></tr>
</table>

(2)弯曲线和材料纤维方向的关系

当弯曲线和材料纤维方向垂直时,材料具有较大的抗拉强度,不易发生裂纹;当弯曲线和材料纤维方向平行时,材料的抗拉强度较差,容易发生裂纹,甚至断裂;在双向弯曲时,弯曲线应与材料纤维方向成一定的夹角。如图 1.20 所示。

(3)材料厚度与弯曲角度

一般薄板材料弯曲半径可取较小数值,弯曲半径 $R \geqslant t$(t 为板厚);厚板材料弯曲半径应取较大数值,弯曲半径 $R = 2t$。

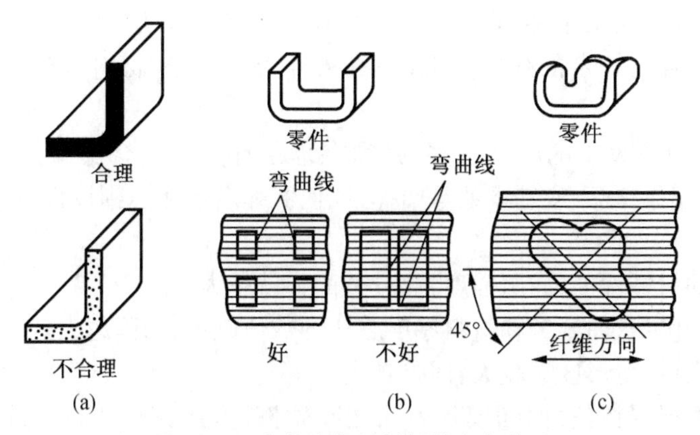

图 1.20　弯曲线与材料纤维方向关系

弯曲角度是指弯曲件的两翼夹角，它和弯曲半径不同，也会影响构件材料的抗拉强度；随着弯曲角度的缩小，应考虑将弯曲半径适当增大。一般弯曲件长度自由公差的极限偏差和角度的自由公差推荐数值见表 1.12 和表 1.13。

表 1.12　弯曲件未注公差的长度尺寸的极限偏差　（单位：mm）

长度尺寸		3 ~ 6	>6 ~ 18	>18 ~ 50	>50 ~ 120	>120 ~ 260	>260 ~ 500
材料厚度	<2	±0.3	±0.4	±0.6	±0.8	±1.0	±1.5
	>2 ~ 4	±0.4	±0.6	±0.8	±1.2	±1.5	±2.0
	>4	–	±0.8	±1.0	±1.5	±2.0	±2.5

表 1.13　弯曲件角度的自由公差

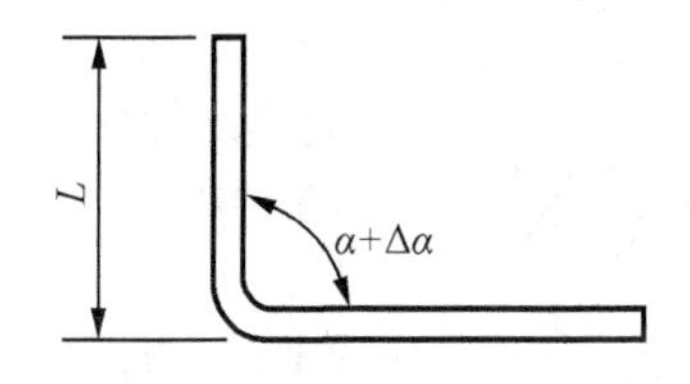

L/mm	<6	>6 ~ 10	>10 ~ 18	>18 ~ 30	>30 ~ 50	>50 ~ 80	>80 ~ 120	>120 ~ 180	>180 ~ 260	>260 ~ 360
$\Delta\alpha$	±3°	±2°30′	±2°	±1°30′	±1°15′	±1°	±50′	±40′	±30′	±25′

(4)材料的机械性能

材料塑性越好，其变形稳定性越强，则均匀延伸率越大，弯曲半径就可减小；反之，塑性差，弯曲半径就大。特殊脆性易裂的材料，弯曲前应进行退火处理或加热弯制。

3. 弯曲变形的回弹

(1)弯曲过程是在材料弹性变形后，再达到塑性变形的过程。在塑性变形时，外层受拉伸,内层受压缩,拉伸和压缩使材料内部产生应力。应力的产生,造成材料变形过程中存在一定的弹性变形,在失去外力作用时,材料就产生一定程度的回弹。

(2)影响回弹大小的因素很多,必须在理论计算下结合实验,采取相应的措施,掌握回弹规律,减少或基本消除回弹,或使回弹后恰能达到设计要求,具体因素主要有:

①材料的机械性能:屈服强度越高,其回弹就越大。

②变形程度:弯曲半径和材料厚度之比的数值越大,回弹越大。

③变形区域:变形区域越大,回弹越大。

④摩擦情况:材料表面和模具表面之间摩擦,直接影响坯料各部分的应力状态,大多数情况下会增大弯曲变形区的拉应力,则回弹减小。

4. 弯曲加工常见的质量缺陷

弯曲加工时,由于材料、模具以及工艺操作不合理,就会产生各种质量缺陷。常见的质量缺陷以及消除方法见表1.14。

表1.14 弯曲加工常见的质量缺陷

序号	名称	图例	产生的原因	消除的方法
1	变裂		上模弯曲半径过小,板材的塑性较低,下料时毛坯硬化层过大	适当增大上模圆半径,采用经退火或塑性较好的材料
2	底部不平		压弯时板料与上模底部没有靠紧坯料	采用带有压料顶板的模具,对毛坯施加足够的压力
3	翘曲		由变形区应变状态引起横向应变(沿弯曲曲线方向),在外侧为压应变,内侧为拉应变,使横向形成翘曲	采用校正弯曲方法,根据预定的弹性变形量,修正上下模
4	擦伤		坯料表面未擦刷清理干净,下模的圆角半径过小或间隙过小	适当增大下模圆角半径,采用合理间隙值,消除坯料表面的脏物
5	弹性变形		由于模具设计或材质的关系等原因产生变形	以校正弯曲代替自由弯曲,以预定的弹性回复来修正上下模的角度

表 1.14(续)

序号	名称	图例	产生的原因	消除的方法
6	偏移		坯料受压时两边摩擦阻力不相等,而发生尺寸偏移,以不对称形状工作的压变尤为显著	采用压料顶板的模具,坯料定位要准确,尽可能采用对称性弯曲
7	孔的变形		孔边距弯曲线太近,内侧受压缩变形,外侧受拉伸变形,导致孔的变化	保证从孔边到弯曲半径 R 中心的距离大于一定值
8	端部鼓起		弯曲时,纵向被压缩而缩短,宽度方向则伸长,使宽度方向边缘出现突起,以厚板小角度弯曲尤为明显	在弯曲部位两端预先做成圆弧切口,将毛坯毛刺一边放在弯曲内侧

5. 弯曲操作注意事项

(1)根据工件所需弯曲力,选择好适当的压力设备。首先固定好上模,使模具重心与压力头的中心在一条直线上,再固定下模。上下模平面必须吻合紧密配合,间隙均匀,并检查上模有足够行程。

(2)开动压力机,试压,检查是否有异常情况,润滑是否良好。难于从模中取出的工件,可适当加些润滑剂或润滑油,减小摩擦,以便容易脱模。

(3)正式弯曲前,必须再次检查工件编号、尺寸是否与图纸符合,料坯是否有影响压制质量的毛刺。对批量较大的工件,须加装能调整定位的挡块,发现偏差应及时调整挡块位置。

(4)弯曲后,必须对首先压出的件进行检查,合格后,再进行连续压制,工作中应注意中间抽验。每一台班中也必须注意抽验。

(5)禁止用手直接在模具上取放工件。对于较大工件,可在模具外部取放;对于小于模具的工件,应借助其他器具取放。安全第一,防止出现人身事故。

(6)多人共同操作时,只能听从一人指挥。

(7)模具用完后,要妥善保存,不能乱放乱扔,必须涂漆或涂油防止锈蚀。

二、卷板(滚圆)

卷板(微课)

卷板是滚圆钢板的制作,实际上就是在外力的作用下,使钢板的外层纤维伸长,内层纤维缩短而产生弯曲变形(中层纤维不变)。当圆筒半径较大时,可在常温状态下卷圆;如半径较小和钢板较厚时,应将钢板加热后卷圆。在常温状态下进行卷圆钢板的方法有:机械滚圆、胎模压制和手工制作三种。

卷板是在卷板机(又叫滚板机、轧圆机)上进行的,它主要用于卷圆各种容器、大直径焊接管道、锅炉汽包和高炉等的壁板。由于卷板是在卷板机上进行连续三点滚弯的过程,利用卷板机可将板料弯成单曲率或双曲率的制件,其分类见表1.15。

表1.15　卷板曲率的分类

分类	名称	简图	说明	分类	名称	简图	说明
单曲率卷制	圆柱面	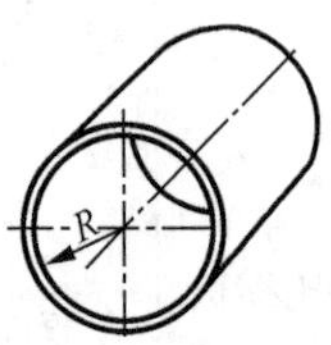 R	最简便常用	单曲率卷制	任意柱面	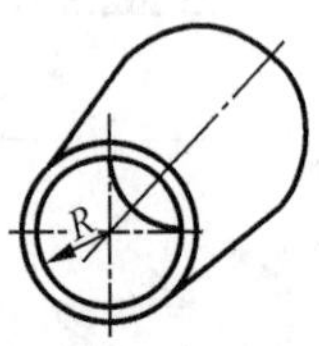 R	用仿制或自动控制可以实现
	圆锥面	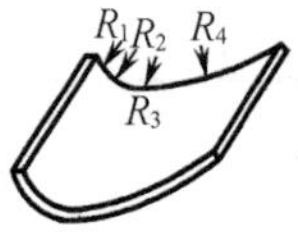 R_1 R_2 R_3 R_4	较简便常用	双曲率卷制	球面		当沿卷板机轴线方向的弯曲不大时可以实现
					双曲面	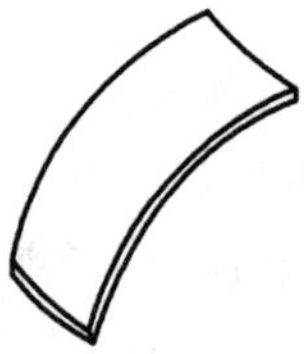	

根据卷制时板料温度的不同,卷板可分为冷卷、热卷与温卷。选用哪种方法是根据板料的厚度和设备条件来选定的。

1. 卷板工艺

(1)卷板前需熟悉图纸、工艺、精度、材料性能等技术要求,然后选择适当的卷板机,并确定冷卷、热卷还是温卷。

(2)检查板料的外形尺寸、坡口加工、剩余直边和卡样板正确与否。

(3)检查卷板机的运转是否正常,并向注油孔口注油。

(4)清理工作场地,排除不安全因素。

(5)卷板前必须对板料进行预弯(压头),由于板料在卷板机上弯曲时,两端边缘总有剩余直边。理论的剩余直边数值与卷板机的类型有关,见表1.16。

表 1.16 理论剩余直边的大小

设备类别		卷板机			压力机
弯曲方式		对称弯曲	不对称弯曲		模具压弯
			三辊	四辊	
剩余直边	冷弯时	L	$(1.5\sim2)t$	$(1\sim2)t$	$1.0t$
	热弯时	L	$(1.0\sim1.5)t$	$(0.75\sim1)t$	$0.5t$

表 1.16 中 L 为侧辊中心距之半，t 为板料厚度。实际上剩余直边要比理论值大，一般对称弯曲时为 6 ~ 20 t，不对称弯曲为对称弯曲时的 1/10 ~ 1/6。由于剩余直边在矫圆时难以完全消除，并造成较大的焊缝应力和设备负荷，容易产生质量事故和设备事故，所以一般应对板料进行预弯，使剩余直边弯曲到所需的曲率半径后再卷弯。预弯可在三辊卷板机、四辊卷板机或预弯水压机上进行。现把预弯的方法简述如下：

①利用三辊卷板机预弯，如图 1.21 所示。当预弯板的厚度不超过 24 mm 时，可用预先弯好的一块钢板作为弯模，其厚度 t_0 应大于板厚的 2 倍，长度也应比板略长。将弯模放入轴辊中，板料置于弯模上，如图 1.21(a)所示，压下上辊使弯模来回滚动，直至板料边缘达到所需要弯曲半径为止。

弯曲作业图片

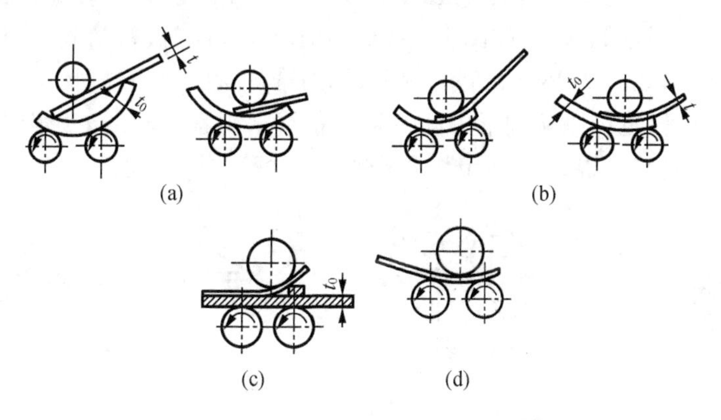

图 1.21 用三辊卷板机预弯示意图

注：(a)(b)(c)适于 $t_0 \geqslant 2t$、$t \geqslant 24$ mm；(d)适于薄钢板。

在弯模上加一块楔形垫板的方法(图 1.21(b))，也能进行预弯，压下上辊即可使板边弯曲，然后随同弯模一起滚弯。

在无弯模的情况下，可以取一平板，其厚度 t_0 应大于板厚的 2 倍，在平板上放置一楔形垫块，如图 1.21(c)所示，板边置于垫板上，压下上辊筒，使边缘弯曲。对于较薄的板可直接在卷板机上用垫板弯曲，如图 1.21(d)所示。

采用弯模预弯时，必须控制弯曲功率不超过设备能力的 60%，操作时，严格控制上轴辊的压下量，以防过载损坏设备。

②利用四辊卷板机上预弯时，将板料的边缘置于上、下辊间并压紧，如图 1.22

所示,然后调节侧辊使板料边缘弯曲。

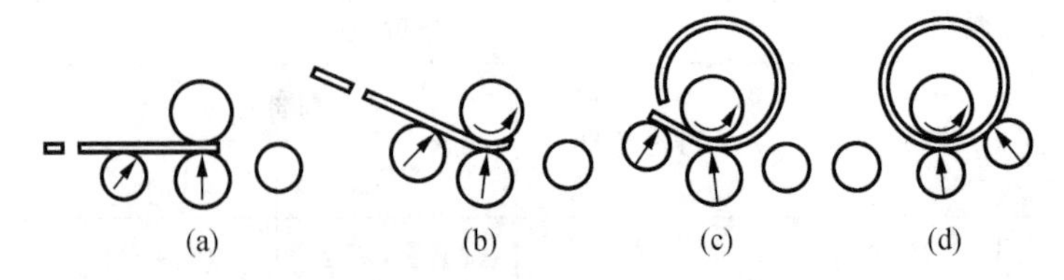

图1.22　在四辊卷板机上预弯和卷圆

③在水压机上用模具预弯的方法适用于各种板厚,如图1.23所示。通常模具的长度都比板料短,因此预弯必须逐段进行。

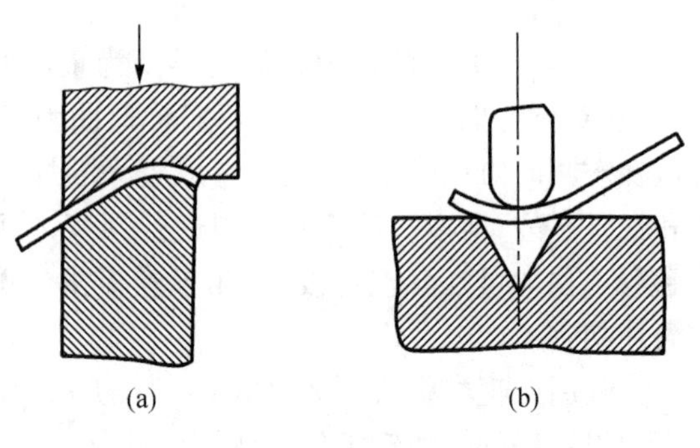

图1.23　用模具预弯

(6)板料进行对中,为防止歪扭,将预弯的板料置于卷板机上滚弯时,应把板料对中,使板料的纵向中心线与轴辊线保持严格的平行,对中的方法有如图1.24所示的四种。在四辊卷板机上对中时,调节侧辊,使板边紧靠侧辊对准,如图1.24(a)所示。在三辊卷板机上利用挡板,使板边靠挡板也能对中,如图1.24(b)所示。也可将板料抬起,使板边靠紧侧辊,然后再放平,如图1.24(c)所示。把板料对准侧辊的对中槽(图1.24(d))也能进行对中。此外,也可以从轴辊中间位置用视线来观察上辊的外形与板边是否平行来对中。上辊与侧辊是否平行也可用视线来检验并加以调整。

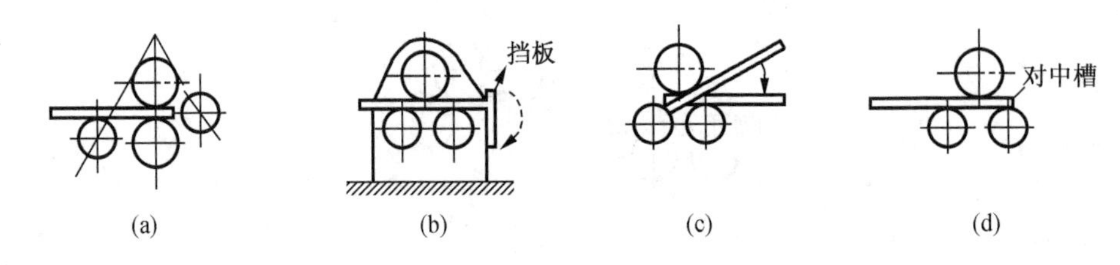

图1.24　对中的方法

(7)圆柱面的卷弯。卷制时根据板料温度的不同分为冷卷、热卷与温卷,这三种情况略述如下。

①冷卷。板料位置对中后,严格采用快速进给法和多次进给法滚弯,调节上辊(在三辊卷板机上)或侧辊(在四辊卷板机上)的位置,使板料发生初步的弯曲,然后来回滚动而弯曲。当板料移至边缘时,根据板料和所画的线来检验板料的位置正确与否。逐步压下上辊并来回滚动,使板料的曲率半径逐渐减小,直至达到规定的要求。冷卷时,由于钢板的回弹,卷圆时必须施加一定的过卷量,在达到所需的过卷量后,还应来回多卷几次。对于高强度钢板,由于回弹较大,最好在最终卷弯前进行退火处理。卷弯过程中,应不断用样板检验弯板两端的半径。卷弯瓦片时,

应在卸载后测量其曲率。

如果已知对称式三辊卷板机的轴辊半径和相对位置，那么弯制板料的曲率半径是由上下辊的中心距离确定的。因此，为了得到正确的圆筒直径或曲率半径，在卷圆前首先要计算上下辊的中心距离，并在卷圆过程中逐渐调整。设 R 为所需钢板的曲率半径，h 为上下辊的距离，如图 1.25 所示，只要知道这两个中的一个数值，便可用下式求出另一个数值：

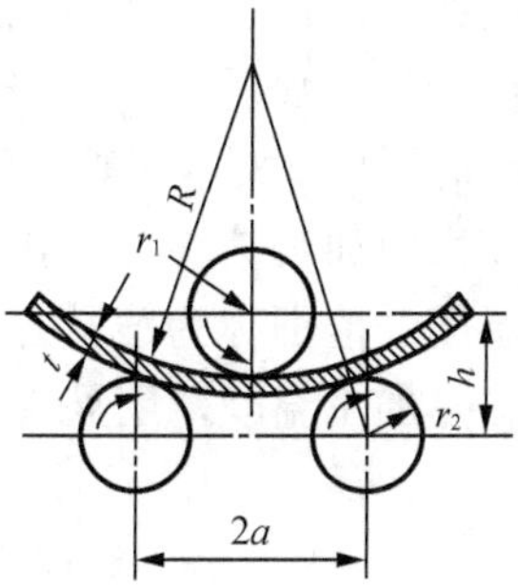

图 1.25　三辊卷板机弯曲钢板时曲率半径计算简图

$$R = \frac{(r_2 + t)^2 - (h - r_1)^2 - a^2}{2[h - (r_1 + r_2 + t)]}$$

$$h = \sqrt{(R + t + r_2)^2 - a^2} - (R - r)$$

式中　R——卷圆板料的弯曲半径；

h——上辊、侧辊的中心距离，高度距离；

t——板料的厚度；

r_1———上辊半径；

r_2———侧辊半径；

a——两侧辊中心距离的一半。

四辊卷板机与三辊卷板机一样，为了获得正确的圆筒半径和曲率半径，在卷圆之前和卷圆过程中要经常调整各轴辊之间的距离。设 R 为所需的板料弯曲半径，h 为侧辊与下辊之间的中心距离，如图 1.26 所示，已知这两个中的一个数值，便可用下式计算另一个数值：

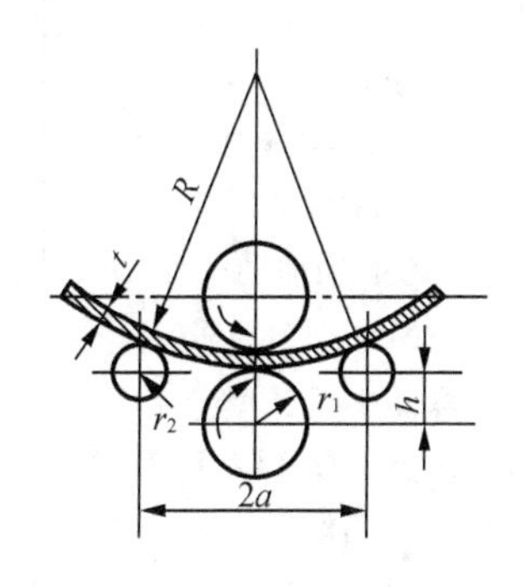

图 1.26　四辊卷板机弯曲钢板时曲率半径计算简图

$$R = \frac{r_2^2 - (r_1 - h)^2 - a^2}{2(r_1 - r_2 - h)}$$

$$h = r_1 - R^{!} - \sqrt{(r_2 + R^{!})^2 - a^2}$$

式中　R——所需板料的弯曲半径；

h———下辊与侧辊的中心距离（高度）；

$R^{!}$ ——$R^{!} = R + t$，其中 t 为板料厚度；

a——侧辊中心距离的一半；

r_1——下辊半径；

r_2——侧辊半径。

由于钢板的回弹，上述算式中求得的 h、R 值，可供初滚时参考。

在卷板机上所能卷弯的最小圆筒直径取决于上辊的直径，考虑到圆筒卷弯后的回弹，能卷弯的最小圆筒直径约为上辊直径的 1.1～1.2 倍。

②热卷。由于卷弯过程是板料弯曲塑性变形的过程，冷弯时变形越大，材料所

产生的冷加工硬化也越严重,在钢板内产生的应力也越大,这会严重影响制造质量,甚至会产生裂纹而导致材料报废。所以冷卷时必须控制变形量。一般认为,当碳素钢板的厚度 t 大于或等于内径 D 的 1/4 时,应该进行热卷。热卷前,通常必须将钢板在室内加热炉均匀加热;加热温度是一般的终锻(终卷)温度,从始锻温度到终锻温度的范围称为锻造(热加工)温度。锻造温度范围视钢材成分而定。常用材料的热加工温度范围见表 1.17。

表 1.17　常用材料的热加工温度范围

材料牌号	热加工温度/℃	
	加热	终止(不低于)
Q235、15、15g、20、20g、22g	900～1 050	700
16Mn、16MnR、15MnV、15MnVR	950～1 050	750
15MnTi、14MnMoV	950～1 050	750
18MnMoNb、15MnVN	950～1 050	750
15MnVNRe	950～1 050	750
Cr5Mo、12CrMo、15CrMo	900～1 000	750
14MnMoVBRe	1 050～1 100	850
12MnCrNiMoVBRe	1 050～1 100	850
14MnMoNbB	1 000～1 100	750
0Gr13、1Gr13	1 000～1 100	850
1Gr18Ni9Ti、12GrIMoV	950～1 100	850
黄铜 H62、H68	660～700	460
铝及其合金 I2、LF2、LF21	350～450	250
钛	420～560	350
钛合金	600～840	500

热卷时,由于钢板表面的氧化皮剥落,氧化皮在钢板与轴辊之间滚轧,使筒身内壁形成凹坑和斑点,影响质量。所以在卷弯过程中和卷弯后,必须清除氧化皮,然后再进行第二次加热和卷弯。

热卷时必须考虑5%～6%的板料减薄量和一定的延伸率,以便严格控制板料厚度的选择和筒身圆周长度的精确性。

③温卷。为了避免冷、热卷板时存在的困难,取冷、热卷板中的优点,提出了温卷的新工艺。温卷是将钢板加热至 500～600 ℃,使板料比冷卷时有更好的塑性,同时减少卷板超载的可能,又可减少卷板时氧化皮的危害,操作也比热卷方便。

由于温卷的加热温度通常在金属的再结晶温度以下,因此实质上仍属于冷加工范围。

(8)矫圆。圆筒卷弯焊接后会发生变形,所以必须进行矫圆。矫圆分加载、滚圆、卸载三个步骤,使工件在逐渐减少矫正荷载下进行多次滚卷。

(9)螺旋卷管。各种筒形结构壁板卷圆后的对接不能连续生产,效率较低,且其纵向焊缝对比母材强度有所降低。如采用螺旋卷管,因斜接可与母材等强度计算,又可连续生产，效率较高，这种工艺已逐步得到推广。螺旋卷管的加工工艺过程如图 1.27 所示。加工时将卷板机斜放，其角度根据板料宽度和成形产品的直径进行调整。

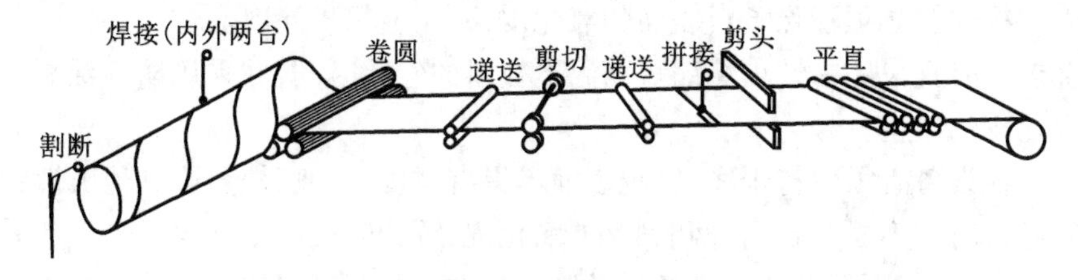

图 1.27　螺旋卷管加工工艺示意图

2. 卷板的常见缺陷和质量标准

(1)外形缺陷

卷弯圆柱形筒身时，常见的外形缺陷有过弯、锥形、鼓形、束腰、边缘歪斜和棱角等缺陷，其产生原因如下。

①过弯：轴辊调节过量(图 1.28(a))。

②锥形：上下辊的中心线不平行(图 1.28(b))。

③鼓形：轴辊发生弯曲变形(图 1.28(c))。

④束腰：上下辊压力和顶力太大(图 1.28(d))。

⑤边缘歪斜：板料没有对中(图 1.28(e))。

⑥棱角：预弯过大或过小(图 1.28(f))。

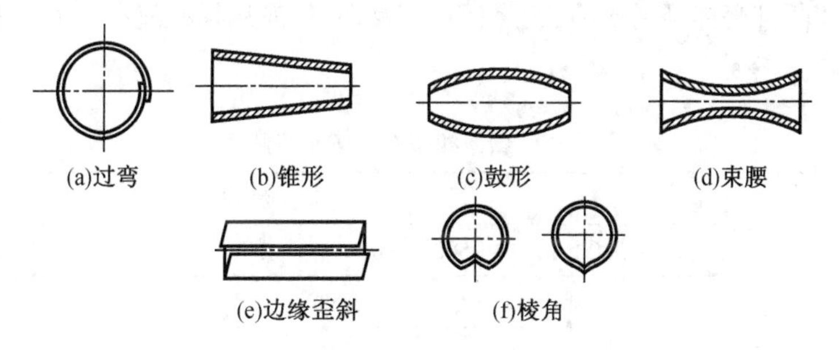

图 1.28　几种常见的外形缺陷

矫正棱角的方法可采用三辊或四辊卷板机进行，如图 1.29 所示。

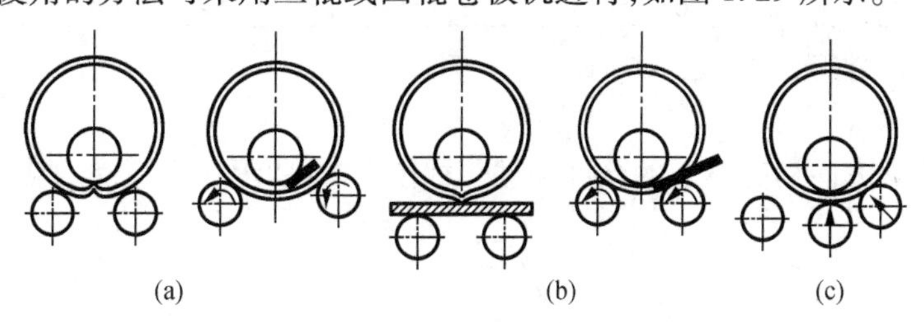

图 1.29　矫正棱角的方法

(2)表面压伤

卷板时，钢板或轴辊表面的氧化皮及黏附的杂质会造成板料表面压伤。尤其在热卷或热矫时,氧化皮与杂质对板料的压伤更为严重。为了防止卷板表面的压伤,应注意以下几点。

①在冷卷前必须清除板料表面的氧化皮,并涂上保护涂料。

②热卷时宜采用中性火焰缩短高温下板料的停留时间,并采用防氧涂料,尽量减少氧化皮的产生。

③卷板设备必须保持干净,轴辊表面不得有锈皮、毛刺、棱角或其他破性颗粒。

④卷板时应不断吹扫内外侧剥落的氧化皮,矫圆时应尽量减少反转次数等。

⑤非铁金属、不锈钢和精密板料卷制时,最好固定专用设备,并将轴辊磨光,消除棱角和毛刺等,必要时用厚纸板或专用涂料保护工作表面。

(3)卷裂

板料在卷弯时,由于变形太大、材料的冷作硬化,以及应力集中等因素会使材料的塑性降低而造成裂纹。所以为了防止卷裂,必须注意以下几点。

①变形率大和脆性的板料,需进行正火处理。

②缺口敏感性大的钢种,最好将板料预热到150~200 ℃后卷制。

③板料的纤维方向不宜与弯曲线垂直。

④板料的拼接缝必须修磨至光滑平整。

(4)质量标准

质量检验应着重对上面所提及的各种缺陷进行逐一验收,具体标准可根据设计制造和使用等要求制定。

圆筒和圆锥筒体经卷圆后,为了保证产品质量,应用样板进行检查。检查时允许偏差见表1.18。

表1.18 圆筒和圆锥筒体允许偏差 (单位:mm)

钢板厚度	钢板宽度			
	≤500	500~1 000	1 000~1 500	1 500~2 000
	允许偏差 a			
≤8	3.0	4.0	5.0	5.0
9~12	2.0	3.0	4.0	4.0
13~20	2.0	2.0	3.0	3.0
21~30	2.0	2.0	2.0	2.0

注:钢板纵向直径凹凸不超过3 mm。

钢板环形方向局部不圆的允许偏差 a 如图1.30所示。

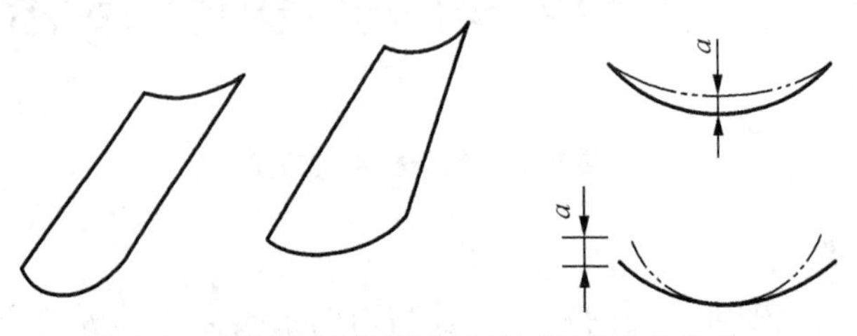

图1.30 圆筒和圆锥筒体局部不圆的允许偏差 a

加工弯曲成形的构件时,其尺寸的允许偏差见表 1. 19。

表 1. 19 弯曲成形的零件尺寸的允许偏差 (单位:mm)

零件弦长	样板弦长	不接触间隙
≤1 500	零件弦长	≤2.0
>1 500	≥1 500	≤2.0

3. 操作时注意事项

使用卷板机和压力机操作时,应注意以下事项。

(1)卷板前,应对设备加注润滑油,开空车检查其传动部分的运转是否正常,并根据需要调整好轴辊之间的距离。

(2)加工的钢板厚度不能超过机械设备的允许最大厚度。

(3)卷圆时,如戴手套者,手不要靠近轴辊,以免将手卷入轴辊内。

(4)卷圆直径很大的圆筒时,必须有吊车配合,以防止钢板因自重而使已卷过的圆弧部分回直或被压扁。

(5)弧形钢板轧至末端时,操作人员应站在两边,不应站在正面,以防钢板下滑发生事故。

(6)在卷圆过程中,应使用内圆样板检查钢板的弯曲度。

(7)直径大的圆筒体,轧圆时在接缝处应搭接 100 mm 左右,并用夹具夹好后,再从卷板机上取下,以减少圆筒体的变形。

(8)如室内温度低于 -20 ℃时,应停止辊轧或压制工作,以免钢板因冷脆而开裂。

三、边缘加工

边缘加工
(微课)

在钢结构制造中,经过剪切或气割的钢板边缘,其内部结构会硬化和变态。所以,如桥梁或重型吊车梁的重型构件,须将下料后的边缘刨去 2 ~4 mm,以保证质量。此外,为了保证焊缝质量和工艺性焊透以及装配的准确性,前者要将钢板边缘刨成或铲成坡口,后者要将边缘刨直或铣平。

一般需要进行边缘加工的部位有:吊车梁翼缘板、支座支承面等具有工艺性要求的加工面;设计图纸中有技术要求的焊接坡口;尺寸精度要求严格的加劲板、隔板、腹板及有孔眼的节点板等。

1. 边缘加工的方法

常用的边缘加工方法主要有铲边、刨边、铣边和碳弧气刨边四种。

(1)铲边

对加工质量要求不高,并且工作量不大的边缘加工,可以采用铲边。铲边有手工和机械铲边两种。手工铲边的工具有手锤和手铲等。机械铲边的工具有风动铲锤和铲头等。

风动铲锤是用压缩空气作为动力的一种风动工具。风动铲锤和铲头的结构如图 1. 31 所示,它由进气管扳机(开关)、推杆、阀柜和锤体等主要部分组成。使用时,将输送压缩空气的橡皮管接在进口管上,接前将风管向空中吹一下,以防砂料等杂物进入风锤内磨损机件,然后按动扳机,即可进行铲削。

一般手工铲边和机械铲边的构件,其铲线尺寸与施工图纸尺寸要求不得相差1 mm。铲边后的棱角垂直误差不得超过弦长的1/3 000,且不得大于2 mm。

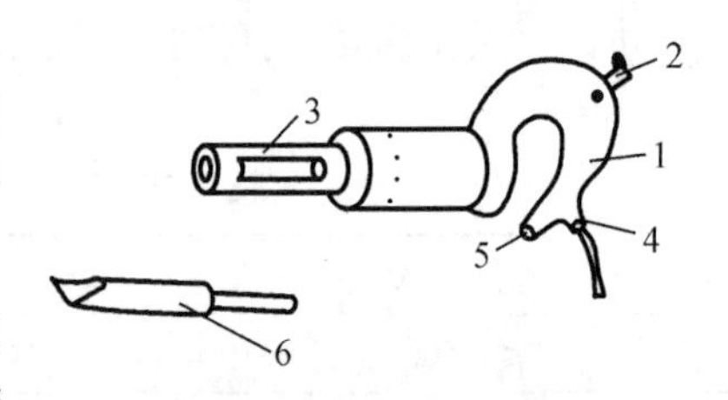

1—手把;2—扳机(开关);3—推杆;4—风带接头;5—排污孔;6—铲头。

图1.31　风动铲锤和铲头示意图

铲边注意事项:

①空气压缩机开动前,应放出贮风罐内的油、水等混合物。

②铲前应检查空气压缩机设备上的螺栓、阀门完整情况,风管是否破裂漏风等。

③铲边的对面不许有人和障碍物。高空铲边时,操作者应系好安全带,身体重心不要全部倾向铲刀,以防失去平衡,发生坠落事故。

④铲边时,为使铲头不致退火,铲头要注机油或冷却液。

⑤铲边结束应卸掉铲锤妥善保管,冬季工作后铲锤风带应盘好放于室内,以防带内存水冻结。

(2)刨边

刨边主要是用刨边机进行。刨边的构件加工有直边和斜边两种,刨边加工的余量随钢材的厚度、钢板的切割方法而不同,一般为2～4 mm。

刨边机的结构如图1.32所示,它由立柱、液压压紧装置、横梁、刀架、走刀箱等主要部分组成。其操作方法是将切削的板材固定在作业架台上,然后用安装在可以左右移动的刀架上的刨刀来切削板材的边缘。刀架上可以同时固定两把刨刀,以同方向进刀切削,或一把刨刀在前进时切削,另一把刨刀则在反方向行程时切削。

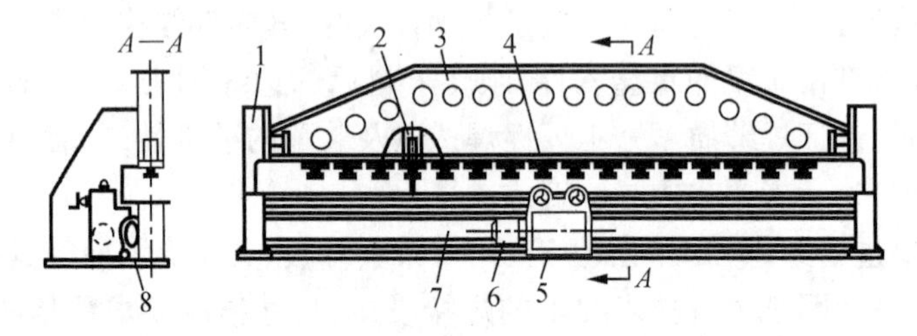

1—立柱;2—液压压紧装置;3—横梁;4—刀架;5—走刀箱;6—电动机;7—底身;8—导轨。

图1.32　刨边机的结构

刨边机的刨削长度一般为3～15 m。当构件长度大于刨削长度时,可用移动构件的方法进行刨边;构件较小时,则可采用多构件同时刨边。对于侧弯曲较大的条形构件,先要校直,气割加工的构件边缘必须把残渣除净,以便减少切削量和提高刀具寿命。对于条形构件刨边加工后,构件夹紧装置可能会出现弯曲变形,需在以后的拼接或组装中利用夹具进行处理。

刨边所需要预加工的工艺余量,可参照表1.20所列数值,并结合具体情况处理。

表 1.20　刨边加工余量

钢板性质	边缘加工形式	钢板厚度/mm	最小余量/mm
低碳钢	剪切机剪切	≤16	2
低碳钢	气割	>16	3
各种钢材	气割	各种厚度	4
油脂低合金钢	气割	各种厚度	>3

(3)铣边(端面加工)

对于有些构件的端部,可采用铣边(端面加工)的方法代替刨边。铣边是为了保持构件的精度,如吊车梁、桥梁等接头部分,钢柱或塔架等的金属抵承部位,能使其力由承压面直接传至底板支座,以减少连接焊缝的焊脚尺寸。这种铣削加工一般是在端面铣床或铣边机上进行的。

端面铣床是一种横式铣床。加工时用盘形铣刀,在高速旋转时,可以上下左右移动对构件进行铣削加工;对于大面积的部位也能高效率地进行铣削。

端面铣床常见的有四种类型:端面铣床(型号 XE755)、双端面铣床(型号 X364)、双端面铣床(型号 X368)以及移动端面铣床(型号 X3810A)。

端面铣前亦可在铣边机上进行加工,铣边机的结构与刨边机相似,但加工时用盘形铣刀代替刨边机走刀箱上的刀架和刨刀,其生产效率较高。

端部铣平的允许偏差应符合表 1.21 的规定。检查时按铣平面数量抽查 10%,且不应少于 3 个,用钢尺、角尺、塞尺等检查。

表 1.21　端部铣平的允许偏差

项目	允许偏差/mm
两端铣平时构件长度	±2.0
两端铣平时零件长度	±0.5
铣平面的平面度	0.3
铣平面对轴线的垂直度	l/1 500

(4)碳弧气刨边

碳弧气刨边就是把碳棒作为电极,与被刨削的金属间产生电弧,此电弧具有 6 000 ℃左右高温,足以把金属加热到熔化状态,然后用压缩空气的气流把熔化的金属吹掉,达到刨削或切削金属的目的。如图 1.33 所示,图中碳棒 1 为电极,刨钳 2 夹住碳棒。通电时,刨钳接正极,构件 4 接负极,碳棒与构件 4 接

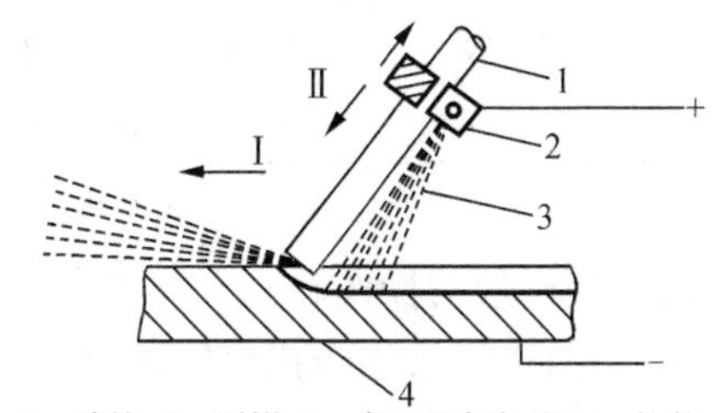

1—碳棒;2—刨钳;3—高压空气气流;4—构件;
Ⅰ—刨削方向;Ⅱ—碳棒进给方向。

图 1.33　碳弧气刨边示意图

近产生电弧并熔化金属,高压空气气流3随即把熔化金属吹走,完成刨削。

用碳弧气刨边挑焊根,比风凿生产率高,特别适用于仰位和立位的刨切,噪音比风凿小,并能减轻劳动强度;采用碳弧气刨边翻修有焊接缺陷的焊缝时,容易发现焊缝中各种细小的缺陷;碳弧气刨边还可以用来开坡口、清除铸件上的毛边和浇冒口,以及铸件中的缺陷等,同时还可以切割金属如铸铁、不锈钢、铜、铝等。但碳弧气刨边在刨削过程中会产生一些烟雾,如施工现场通风条件差,对操作者的健康会有影响,所以施工现场必须具备良好的通风条件和措施。

碳弧气刨边的电源设备、工具及碳棒要求如下:

①碳弧气刨边的电源设备:碳弧气刨边一般采用直流电源。由于碳弧气刨边的电流较大,连续工作时间较长,故应选用功率较大的直流电焊机。

②碳弧气刨边的工具:碳弧气刨边的主要工具是碳弧气刨枪,如图1.34所示。碳弧气刨枪的要求是导电性良好,吹出的压缩空气集中且准确,碳棒要夹牢固,又要更换方便,外壳绝缘良好,自重轻,操作方便等。

③碳棒:碳弧气刨主要通过碳棒与构件间的电弧来熔化金属。因此,对碳棒的要求是耐高温、导电性良好、不易断裂、断面组织细致、成本低、灰粉少等。一般采用镀铜实心碳棒,镀铜的目的是提高碳棒的导电性和防止碳棒表面的氧化。碳棒断面表状分为圆形和矩形两种。矩形碳棒刨槽较宽,适用于大面积的刨槽或刨平面。

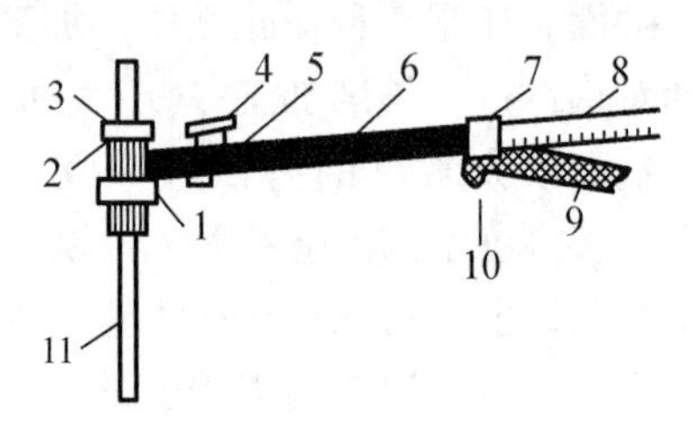

1—枪头;2—围钳;3—紧固螺帽;4—空气阀;5—空气导管;6—绝缘手把;7—导柄套;8—空气软管;9—导线;10—螺栓;11—碳棒。

图1.34　碳弧气刨枪

碳弧气刨边的工艺参数主要有电源极性、电流与碳棒直径、刨削速度和压缩空气的压力等。

采用碳弧气刨边时,各种金属的极性选择见表1.22。

表1.22　碳弧气刨边时各种金属的极性选择

材料	极性	备注	材料	极性	备注
碳钢	反接	正接表面不光	铸铁	正接	反接不如正接
低合金钢	反接	正接表面不光	铜及铜合金	正接	
不锈钢	反接	正接表面不光	铝及铝合金	正接或反接	

碳弧气刨边的操作和安全技术有如下要求。

①操作技术:采用碳弧气刨边时,要检查电源极性,根据碳棒直径调节好电流,同时调整好碳棒伸出的长度。起刨时,应先送风,随后引弧,以免产生夹碳。在垂直位置刨削时,应由上而下移动,以便于流渣流出。当电弧引燃后,开始刨削时速度稍慢一点;当钢板熔化熔渣被压缩空气吹走时,可适当加快刨削速度。刨削中,

碳棒不能横向摆动和前后移动,碳棒中心应与刨槽中心重合,并沿刨槽的方向做直线运动。在刨削时,要握稳手把,眼睛看好准线,将碳棒对正刨槽,碳棒与构件倾角大小基本保持不变。用碳弧气刨过程中如有被烧损现象需调整时,不要停止送风,以使碳棒能得到很好的冷却。刨削结束后,应先断弧,过几秒钟后再关闭风门,使碳棒冷却。

②安全技术:操作时,应尽可能顺风向操作,防止铁水及熔渣烧坏工作服及烫伤皮肤,并应注意场地防火。在容器或舱室内部操作时,操作部位不能过于狭小,同时要加强抽风及排除烟尘措施。碳弧气刨边时使用的电源较大,应注意防止因焊机过载和长时间连续使用出现发热超标而损坏机器。

2. 边缘加工的质量标准

气割或机械剪切的零件需要进行边缘加工时,其刨削余量不宜小于 2.0 mm,且需要全数检查,并在检查工艺报告和施工记录中做好存档。

边缘加工检查时,需要按照加工面数抽查 10%,且不应少于 3 个。采用观察检查和实测检查的方法,其允许的偏差应符合表 1.23 的规定。

表 1.23　边缘加工的允许偏差

项目	允许偏差
零件宽度、长度	±1.0 mm
加工边直线度	l/3 000,且不大于 2.0 mm
加工面垂直度	0.025t,且不大于 0.5 mm
加工面表面粗糙度	$Ra \leqslant 50$ μm

注:l 为加工边长度,t 为加工面的厚度,单位均为 mm。

四、折边

在钢结构制造中,把构件的边缘压弯成倾角或一定形状的操作称为折边。折边广泛用于薄构件,它有较长的弯曲线和很小的弯曲半径。薄板经折边后可以大大提高结构的强度和刚度。这类构件的弯曲折边常利用折边机进行。

1. 折边设备的结构及其模具

折边机在结构上具有窄而长的滑块,配合一些窄而长的通用或专用模具及挡料装置,将下模固定在折边机的工作台上,板料在上、下模之间,利用上模向下时产生的压力完成较长的折边加工工作。

常用机械为板料折弯压力机,用于将板料弯曲成各种形状,一般在上模做一次行程后,便能将板料压成一定的几何形状,如采用不同形状模具或通过几次冲压,还可得到较为复杂的各种截面形状。当配备相应的装备时,还可用于剪切和冲孔。

板料折弯压力机有机械传动和液压传动两种。液压传动的折弯压力机以高压油为动力,利用油缸和活塞使模具产生运动。图 1.35 所示为 W67Y - 160 型液压传动的板料折弯压力机。机械传动板料折弯压力机都是双曲轴式的,滑块的运动和上下位置的调节是两个独立的传动系统。其由主电动机通过皮带轮和齿轮带动传动轴转动,再经传动轴两端的齿轮带动曲轴转动,并通过连杆使滑块上下运动。上模安装在上滑块上,下模则置于工作台上。

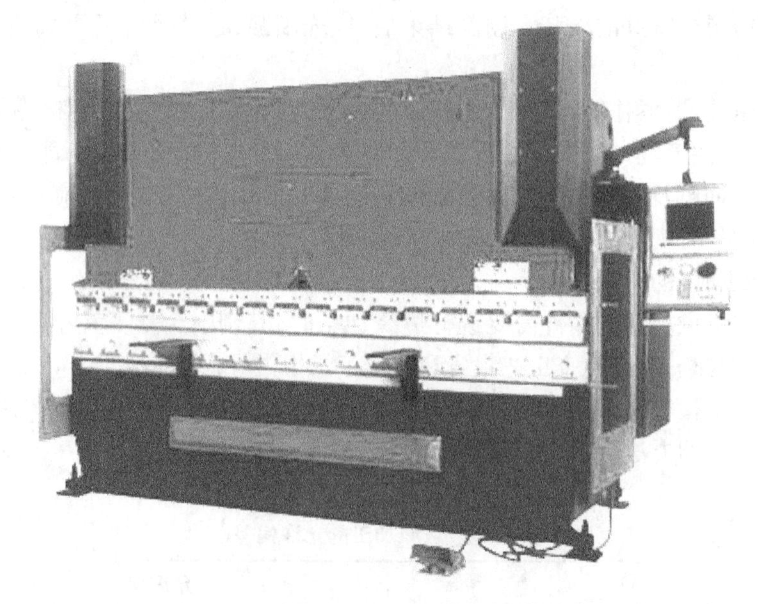

图1.35 W67Y-160型板料折弯压力机

板料折弯压力机的模具有通用和专用两种,通用折边弯曲模的断面形状如图1.36所示。上模稍带弯曲,端头呈"十"字形,并有较小的圆角半径。下端在四个面上分别制出适应于弯制构件的几种固定槽口,槽口的形状一般呈V形,也有的呈矩形,都能用于弯制锐角和钝角的构件,下模的长度一般与工作台面相等。专用模具为根据构件的特殊形状和要求而特意设计的模具,它不具备通用性。

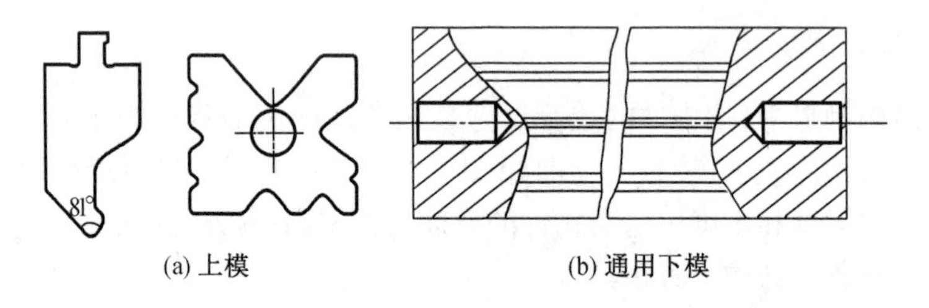

(a) 上模　　(b) 通用下模

图1.36 通用折边弯曲模

2. 折边工艺

在通用折边弯曲模上,将板料折边成数个弯角时,首先应根据弯角的半径和构件的形状,调整挡块的位置和选择上、下模的形状,折边的合理顺序以及确定构件的折弯应小于或等于滑块的公称压力。现将折边的技术工艺要求略述如下。

(1)折边前必须熟悉样板、图纸、工艺规程,并了解技术要求

(2)整理好工作场地,准备好需用的工具、胎具、量具、压模、样板等。

(3)检查折边机运转是否正常,并向注油孔注油。

(4)专用模具应考虑构件加热后的膨胀系数和冷弯材料的回弹率,对易磨损的模具应及时更换和修复。

(5)严格遵守安全操作规程。

(6)在弯制多角的复杂构件时,事先要考虑好折弯的顺序。折弯的顺序一般是由外向内依次弯曲,如果折边顺序不合理,将会造成后面的弯角无法折弯。

(7)在弯制大批量构件时,需加强首件结构件的质量控制。

(8)钢板进行冷弯加工时,最低室温一般不得低于 0 ℃, 16Mn 钢材不得低于 5 ℃。各种低合金钢和合金钢根据其性能酌情而定。

(9)折弯时,要经常检查模具的固定螺栓是否松动,以防止模具移位。如发现移位,应立即停止工作,及时调整固定。

(10)构件如采用热弯,须加热至 1 000 ~ 1 100 ℃,低合金钢加热温度为 700 ~ 800 ℃。

(11)当热弯工件温度下降至 550 ℃时,应停止工作。

(12)折弯时,应避免一次大力加压成形,应逐次渐增度数,最后用样板检查。千万不能折边角度过大,造成往复反折,损伤构件。

(13)折弯过程中,应注意经常用样板校对构件进行检验。

3. 操作注意事项

为了确保安全生产,操作时必须注意以下几点。

(1)在机器开动前,要清除机械设备周围的障碍物,上、下模具间不准堆放任何工具等物件,对机械设备应加注润滑油。

(2)检查设备各部分工作是否正常,发现问题应及时修理。

(3)开动机器后,待电动机和飞轮的转速正常后,再开始工作。

(4)不允许超负荷工作,满负荷时,必须把板料放在两立柱中间,使两边负荷均匀。

(5)保证上、下模之间有间隙,间隙值的大小按折板的要求确定,但不得小于被折板料的厚度,以免发生"卡住"现象,造成事故。

(6)折板板件的表面不准有焊疤与毛刺。

(7)电气绝缘与接地必须良好。

五、模具压制

模具加工是一个跨行业的基础工作,它和工业结构调整与产品结构调整关系非常密切,现代化的工业产品升级换代,模具必须先行。高质量、高速度的产品生产只有在优质模具得到保证下方能达到。

模具压制是在设备上利用模具使钢材成形的一种工艺方法。钢材及构件成形的好坏与精度,完全取决于模具的形状尺寸和制造质量。

模具的分类和用途介绍如下。

1. 按加工工艺分类

模具按加工工艺可分为以下几种(表 1.24)。

表 1.24 模具分类示意图

编号	工序		图例	图解
1	冲裁	落料	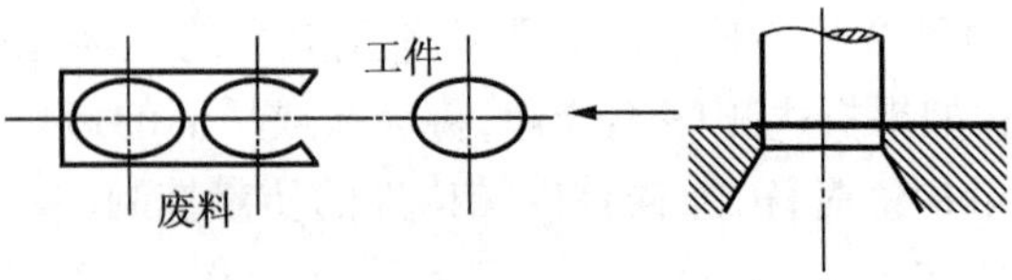 工件 废料	用模具沿封闭线冲切板料,冲下的部分为工件,其余部分为废料
		冲孔	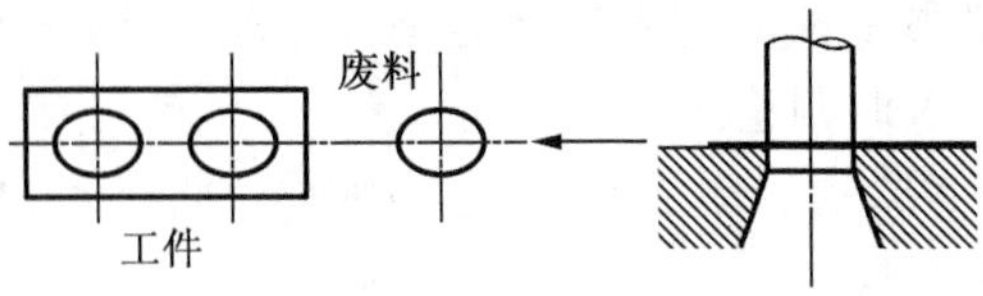 废料 工件	用模具沿封闭线冲切板材,冲下的部分是废料
2	弯曲	压弯	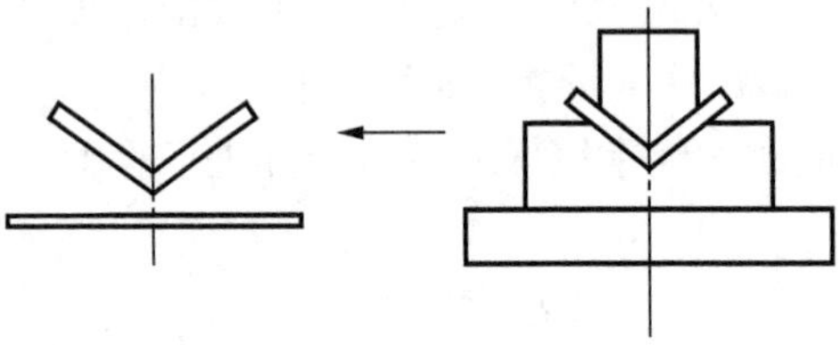	用模具使材料弯曲成一定形状
		卷圆	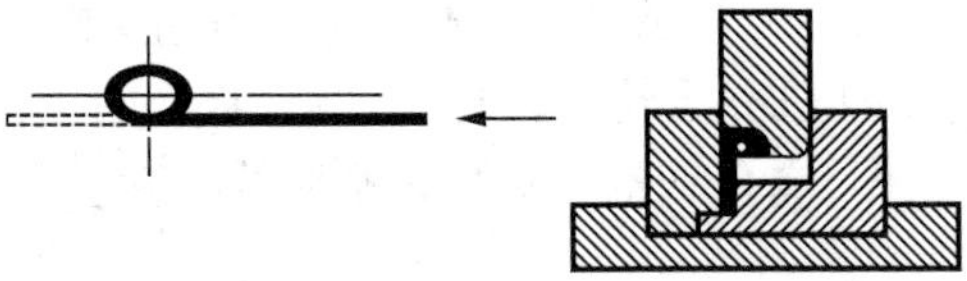	将板料端部卷圆
3	拉深	拉深	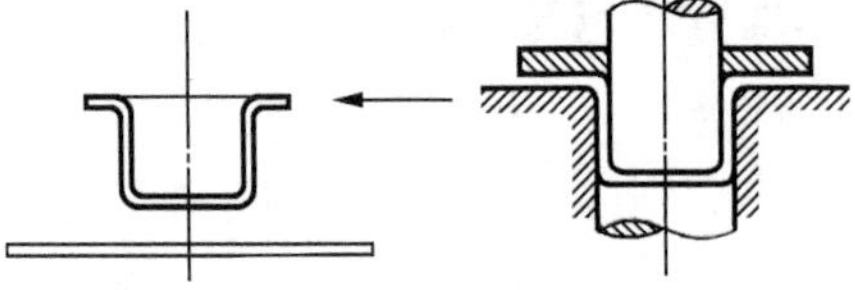	将板料压制成空心工件,壁厚基本不变
		变薄拉深	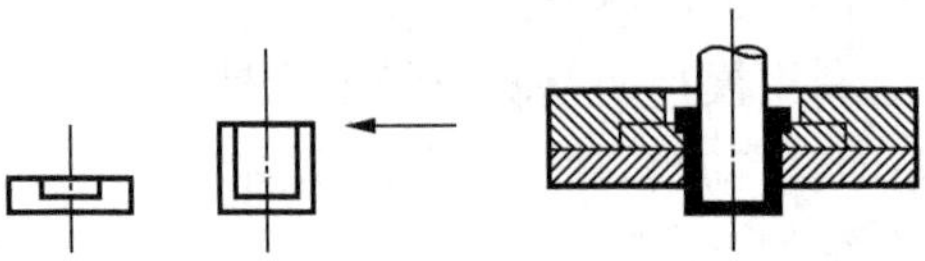	用减小直径与壁厚、增加工件高度的方法来改变空心件的尺寸,以得到要求的底厚、壁薄的工件

表 1.24(续 1)

编号	工序		图例	图解
4	压缩	压延	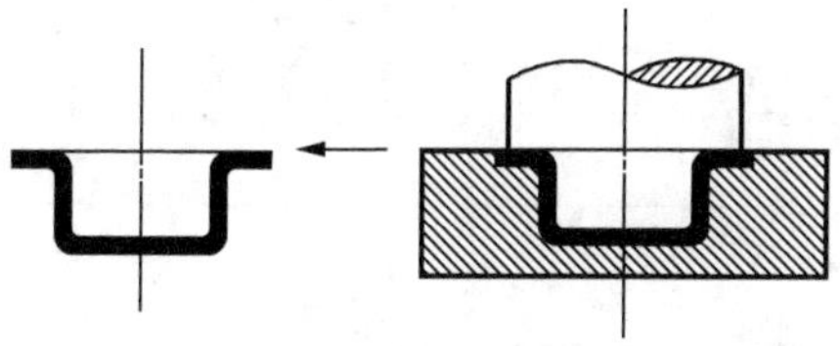	将拉深或成形后的半成品边缘部分多余材料切掉;将一块圆形平板料坯压延成一面开口的圆筒
		起伏	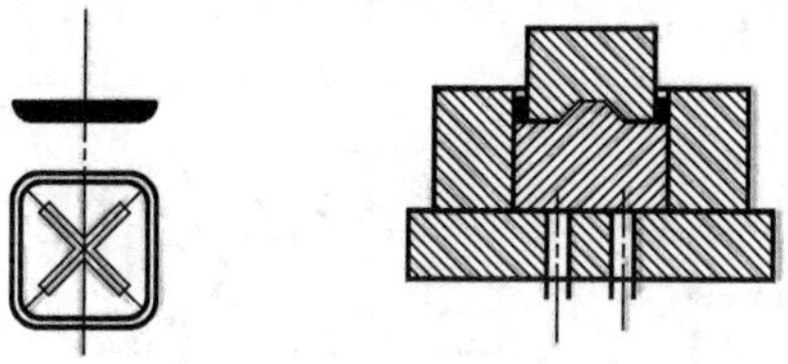	在板料或工件上压出筋条、花纹或文字,在起伏处的整个厚度上都变薄
		胀形	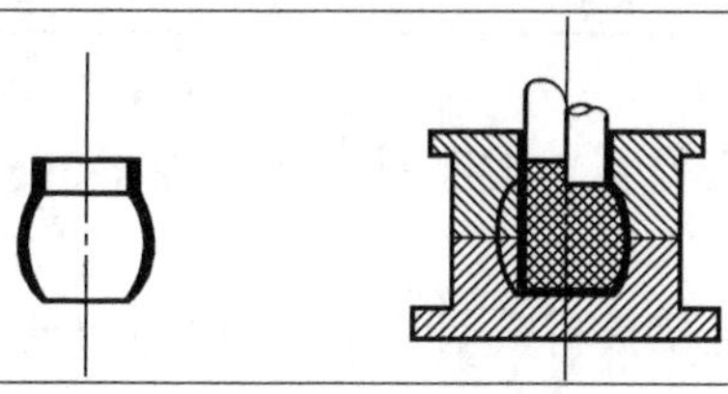	使空心件(或管料)的一部分沿径向扩张,呈凸肚形
		施压	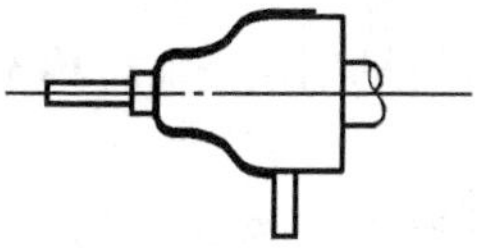	利用擀棒或滚轮板料毛坯擀压成一定形状(分变薄和不变薄两种)
5	其他成形	孔的翻边	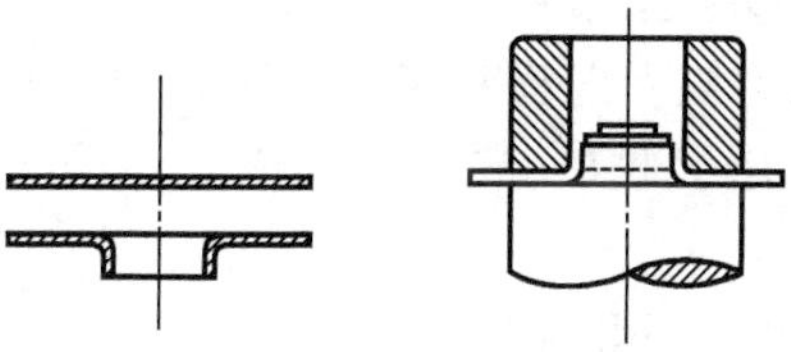	将板料或工件上有孔的边缘翻成竖立边缘
		外缘翻边	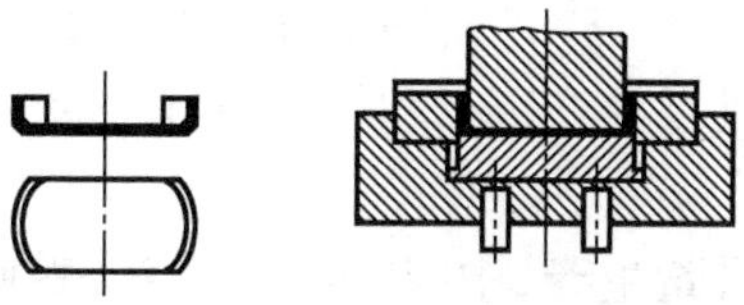	将工件的外缘翻成圆弧或曲线状的竖立边缘
		卷边		将空心件的边缘卷成一定的形状
		扭转	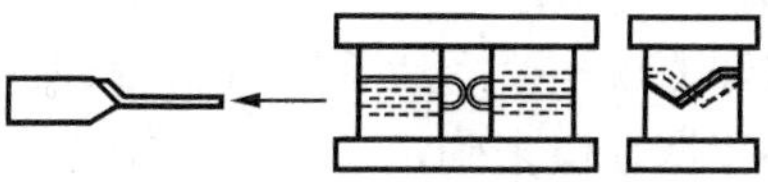	将平板坯料的一部分向另一部分扭转一个角度

表1.24(续2)

编号	工序		图例	图解
5	其他成形	收口		将空心件的口部缩小
		扩口		将空心件的口部扩大,常用于管子
		整形		把形状不太准确的工件矫正成形

(1)冲裁模:在压力机上使板料或型材分离的加工工艺。其主要工序有落料成形、冲切成形等。

(2)弯曲模:在压力机上使板料或型材弯曲的加工工艺。其主要工序有压弯、卷圆等。

(3)拉深模:在压力机上使板料轴对称、非对称或半敞变形拉深的加工工艺。其轴对称工序有拉深、变薄拉深等。

(4)压延模:在压力机上对钢材进行冷挤压或温热挤压的加工工艺。其主要工序有压延、起伏压延、胀形压延及施压压延等。

(5)其他成形模:在压力机上对板料半成品进行再成形的加工工艺。其主要再成形工序有翻边、卷边、扭转、收口、扩口、整形等。

2. 按加工形式分类

模具按加工形式可分为以下几种。

(1)简易模:单件或小批量生产,一般精度时采用。

(2)连续模:中批或大批量生产,中级精度,加工形状复杂和特殊形状的零件时采用。

(3)复合模:中批或大批量生产,中级或高级精度,零件几何形状与尺寸受到模具结构与强度的限制时采用。

3. 按安装位置分类

模具按安装位置可分为以下几种。

(1)上模:也称凸模,由螺栓装置在压力机压柱上的固定横梁上。

(2)下模:也称凹模,由螺栓固定在压力机的工作台上。

上、下模的安装必须做好上模中心与压柱中心重合,使压柱的作用力均匀地分布在压模上,下模的位置要根据上模来确定,上、下模中心一定相吻合,以保证压制零件形状和精度的准确。

任务1.4　制孔技术

【学习任务单】

学习领域	钢结构制作与安装	
上篇	钢结构零部件的制作	学时
学习任务1.4	制孔技术	4
学习目标	1. 知识目标 (1)掌握钻孔的加工方法 (2)掌握钻头的分类以及应用 (3)掌握锪孔、扩孔、铰孔、冲孔的工艺要求 2. 能力目标 (1)能正确地根据相关施工图纸进行制孔 (2)能在团队合作的基础上进行制孔 3. 素质目标 (1)培养学生严谨认真的工作态度 (2)培养学生安全施工意识 (3)培养学生具有团队协作意识	
学习资源	教材、多媒体课件、教学动画、教学录像、任务单等	
学习要求	1. 认真进行课前预习,充分利用学习资源 2. 充分发挥团队合作精神,正确完成学习任务 3. 相互学习,相互借鉴,提高学习效率	

任务导学：制孔技术

孔加工在钢结构制造中占有一定的比例,尤其是高强螺栓的应用,使孔加工不仅在数量上,而且在精度要求上都有了很大的提高。

制孔通常有钻孔和冲孔两种方法。钻孔是钢结构制造中普遍采用的方法,能用于几乎任何规格的钢板、型钢的孔加工。钻孔的原理是切削,孔的精度高,对孔壁损伤较小。冲孔一般只用于较薄钢板和非圆孔的加工,而且要求孔径一般不小于钢材的厚度。冲孔生产效率虽高,但由于孔的周围产生冷作硬化,孔壁质量差等原因,在钢结构制造中已较少采用。

一、钻孔的加工方法

钻孔的加工方法(微课)

1. 画线钻孔

钻孔前先在构件上画出孔的中心和直径,在孔的圆周上(90°位置)打四只冲眼,可作钻孔后检查用。孔中心的冲眼应大而深,在钻孔时作为钻头定心用。画线工具一般用画针和钢尺。

为提高钻孔效率,可将数块钢板重叠起来一起钻孔,但一般重叠板厚度不超过

50 mm,重叠板边必须用夹具夹紧或点焊固定。

厚板和重叠板钻孔时要检查平台的水平度,以防止孔的中心倾斜。

2. 钻模钻孔

当批量大,孔距精度要求较高时,采用钻模钻孔。钻模有通用型、组合式和专用钻模。通用型积木式钻模,可在当地模具出租站订租。组合式和专用钻模则由本单位设计制造。表 1.25 为钻套尺寸,图 1.37 和图 1.38 所示为几种钻模的做法。

表 1.25　钻套尺寸　(单位:mm)

孔栓	21.5	23.5	25.5
d	21.65	23.65	25.65
D	35	35	35
D_1	42	42	42

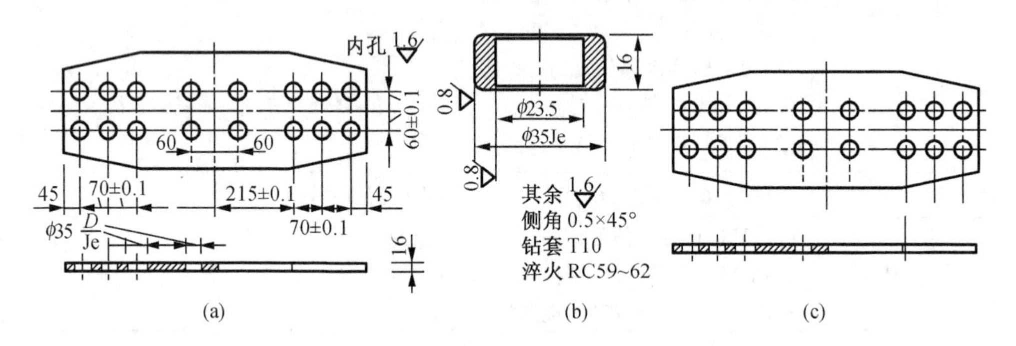

图 1.37　节点板钻模

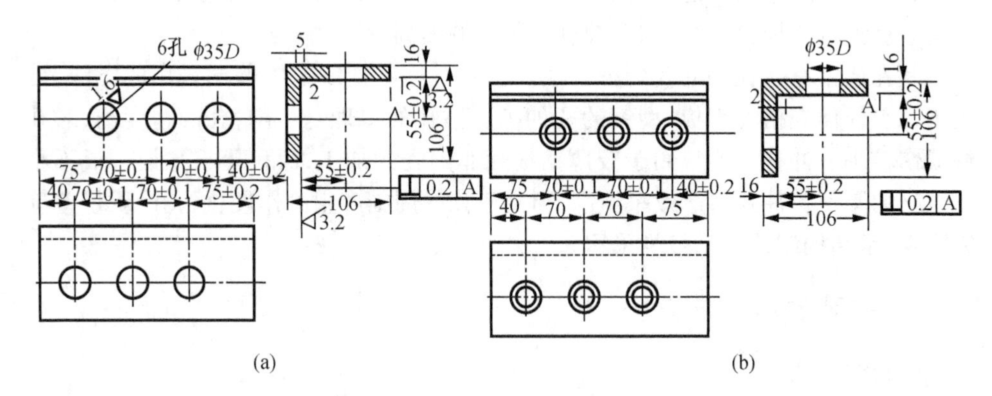

图 1.38　角钢钻模

对无镗孔能力的单位,可先在钻模板上钻较大的孔眼,由钳工对钻套进行校对,符合公差要求后,把紧螺栓,然后将模板大孔与钻套外圆间的间隙灌铅固定(图 1.39)

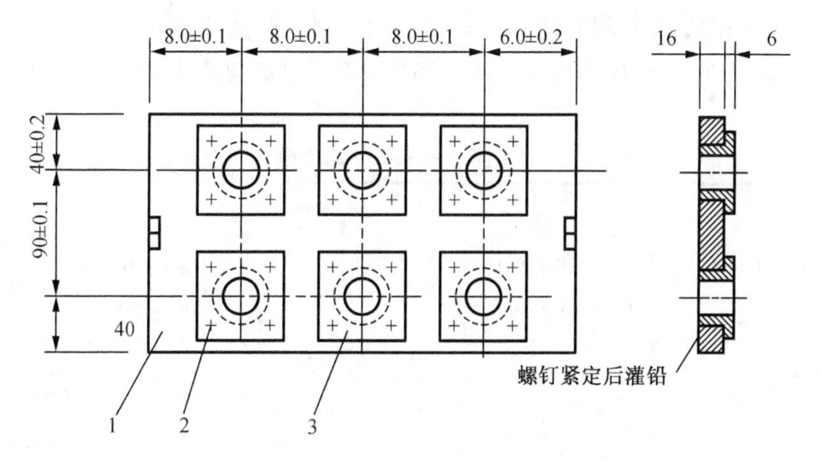

1—模板;2—螺钉;3—钻套。

图 1.39　钻模

钻模板材料一般为 Q235,钻套材料可为 T10A(热处理 HRC55 - 60)。

3. 数控钻孔

近年来数控钻孔的发展更新了传统的钻孔方法,无须在工件上画线、打样冲眼,整个加工过程都是自动进行的,高速数控定位,钻头行程数字控制,钻孔效率高、精度高。特别是数控三向多轴钻床的开发和应用,使得生产效率比摇臂钻床提高几十倍,它与锯床形成连动生产线,是目前钢结构加工的发展趋势。

钻头的分类及应用(微课)

二、钻头和刃磨

1. 钻头的分类及应用

钻头按其形状来分有左旋和右旋钻、普通麻花钻、带有双冷却孔的麻花钻、直槽钻、单刃钻、双面切削刃钻等形式。几种钻头的应用范围见表 1.26。

表 1.26　几种钻头的应用范围

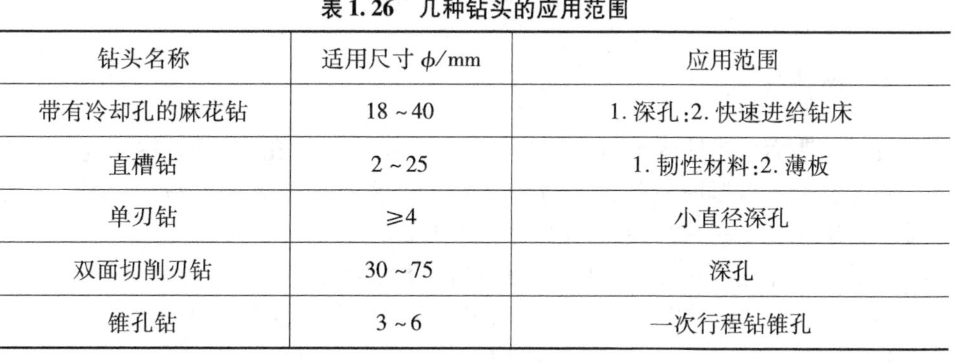

钻头名称	适用尺寸 ϕ/mm	应用范围
带有冷却孔的麻花钻	18 ~ 40	1. 深孔;2. 快速进给钻床
直槽钻	2 ~ 25	1. 韧性材料;2. 薄板
单刃钻	≥4	小直径深孔
双面切削刃钻	30 ~ 75	深孔
锥孔钻	3 ~ 6	一次行程钻锥孔

麻花钻是常用的一种钻头,按夹持方法可分为直柄麻花钻、锥柄麻花钻、锥柄长杆麻花钻,粗柄麻花钻、方斜柄麻花钻等数种。

2. 钻头材料

钻头是钻孔的切削工具,钻头材料的选择主要取决于被加工零件的材料及切削用量。常用的钻头材料有碳素工具钢、合金工具钢、高速工具钢等,并经淬火和回火处理。另外,还有硬质合金钻头。钻头材料的选择见表1.27。

表1.27　钻头材料的选择

工具名称	工作材料			
	钢:HB≤230 f_u≤840 N/mm^2	铸铁:HB≤220	钢:HB>230 f_u>840 N/mm^2	铸铁:HB>220
整体麻花钻	W6Mo5Cr4V2、9SiCr、T10A	W6Mo5Cr4V2、9SiCr、T10A	W6Mo5Cr4V2	W6Mo5Cr4V2
镶硬质合金刀片钻头	YG8	YG8	—	YG8

注:HB表示硬度;f_u表示抗拉强度。

3. 钻头刃磨

钻透孔用平钻头,钻不透孔用尖钻头。当板叠较厚,直径较大,或材料强度较高时,则磨成群钻钻头,以降低切削力,便于排屑和减少钻头的磨损(图1.40)。图1.40(c)所示的钻头刃磨为ϕ15 mm ~ ϕ40 mm的形式,当小于ϕ15 mm时不带断屑槽,当大于ϕ40 mm时有两个断屑槽。

(a)尖钻头　(b)平钻头　(c)群钻钻头

图1.40　钻头刃磨

三、锪孔

在孔口表面用锪钻或改制的钻头加工出一定形状的孔或表面,称为锪孔。锪孔工作包括锪圆柱形埋头孔、锪锥形埋头和锪凸台平面。对埋头铆钉和埋头螺钉孔需要进行锪孔,埋头铆钉的锪孔尺寸见表1.28。

锪孔可用专用锪孔钻头,也可用普通钻头磨成需要角度(图1.41)。角度确定以后,锪孔的大小可由深度控制,一般钻床都有深度定位装置。

表 1.28　埋头铆钉的锪孔尺寸

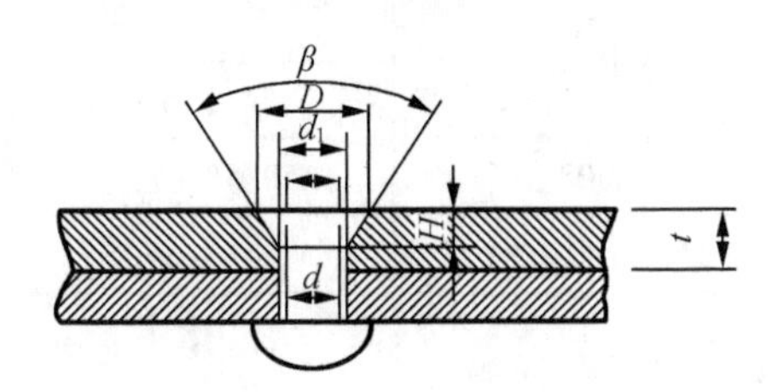

板材厚/mm	螺、钉杆直径/mm	β	H/mm	d/mm	D/mm
1.5	3	90°	1.5	3.2	6
2	4	90°	2	4.2	8
2.5	5	90°	2.5	5.3	10
3	6	90°	3	6.5	13
4	8	75°	3	9	12.5
6	10	75°	3.5	11	15.5
8	12	60°	5	13	20
11	16	60°	8	17	25
16	19	60°	9.5	20	30
19	22	60°	11.5	23	35
23	24	60°	12.5	25	38.5
27	27	60°	14	28	41.5
32	30	45°	15	31	43.5
34	36	45°	17	38	55

四、扩孔

扩孔是用麻花钻或扩孔钻将工件上原有的孔进行全部或局部地扩大。扩孔的种类有扩大圆柱孔、扩锥形埋头孔、扩柱形埋头孔。

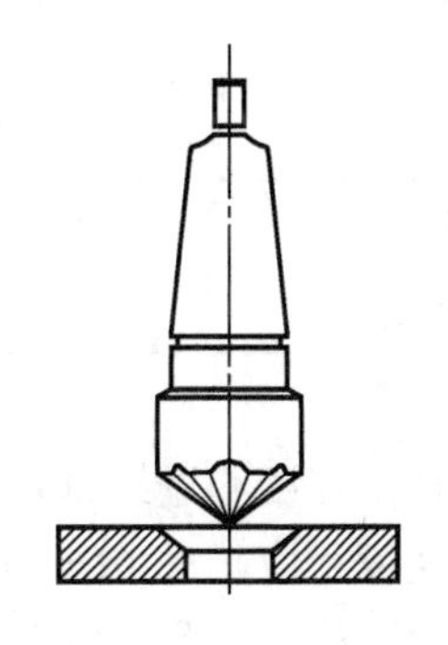

图 1.41　锥形锪孔钻头

用麻花钻扩孔时，由于钻头进刀阻力很小，钻头极易切入金属，引起进刀量自动增大，从而使孔面粗糙并产生波纹，因此用麻花钻扩孔时须将后角修小。用修后的麻花钻扩孔时，由于切削刃外缘吃刀，避免了横刃所引起的一些不良影响，而且切屑少，易排除，可以提高孔的表面光洁度。

用麻花钻扩孔时其后角角度见表 1.29。

表1.29 扩孔时钻头后角

适用范围	顶角	后角	
		直径≤15 mm	直径>15 mm
各种材料	90°	0.5°~1°	0.1°~0.5°
	180°	4°~6°	2°~4°

扩孔的理想工具是扩孔钻。扩孔钻是根据切削少的特点,将容屑槽做得比较小而浅。可通过增多刀齿(3~4齿),加粗钻心的方式,来提高扩孔钻的刚度。这样扩孔时导向好,切削平稳,可增大切削用量和改善加工质量。扩孔钻的切削速度可为钻孔的0.5倍,进给量为钻孔的1.5~2倍。扩孔前,可先用0.9倍孔径的钻头钻孔,再用等于孔径的扩孔钻头进行扩孔。

五、铰孔

铰孔是用铰刀对已经粗加工的孔进行精加工,可提高孔的光洁度和精度。

铰孔的切削工具是铰刀。铰刀的种类很多,按用途分有圆柱铰刀和圆锥铰刀。

圆柱铰刀包括固定圆柱铰刀和活络圆柱铰刀。固定圆柱铰刀又有机铰刀和手铰刀两种。圆锥铰刀按其锥度划分有1∶10锥铰刀、莫氏锥铰刀(锥度近似于1∶20)、1∶30锥铰刀、1∶40锥铰刀和1∶50锥铰刀五种。

铰孔时必须选择好铰削用量和冷却润滑液。铰削用量包括铰孔余量、切削速度(机铰时)和进给量,这些对铰孔的精度和光洁度都有很大影响。

铰孔余量要恰当,太小则对上道工序所留下的刀痕和变形难以纠正及除掉,质量达不到要求;太大将增大铰孔次数和增加吃刀深度,会损坏刀齿。表1.30列出的铰削余量的范围,适用于机铰和手铰。

表1.30 铰削余量的范围 (单位:mm)

铰孔直径	<5	5~20	21~32	33~50	51~70
铰削余量	0.1~0.2	0.2~0.3	0.3	0.5	0.8

切削速度和进给量要适当选择。当加工材料为铸铁时,使用普通铰刀铰孔,其切削速度不应超过10 m/min,进给量在0.8 mm/r左右;当加工材料为钢料时,切削速度不应超过8 m/min,进给量0.4 mm/r左右。

在铰削过程中必须采用适当的冷却润滑液,借以冲掉切屑和消散热量。不同材料冷却润滑液的选择见表1.31。

铰孔时,工件要夹正,铰刀的中心线必须与孔的中心保持一致;手铰时用力要均匀,转速为20~30 r/min,进刀量大小要适当、均匀,可将铰削余量分为二、三次铰完;铰削过程中要加适当的冷却润滑液;铰孔退刀时仍然要顺转。铰刀用后要擦干净,涂上机油,刀刃勿与硬物磕碰。

表 1.31　钻孔时各种材料常用冷却液

工作材料	冷却液
各种钢材	水、肥皂水、机油
铜合金、镁合金、硬橡皮、胶木	可不加冷却液
纯铜	肥皂水、豆油
铝、铝合金	肥皂水、煤油
铸铁	煤油或不加冷却液

六、冲孔

钢结构制造中，冲孔一般只用于冲制非圆孔及薄板孔，圆孔多用钻孔。

1. 冲裁力计算

$$P = S\delta f$$

式中　P——冲裁力，N；

S——落料周长，mm；

δ——材料厚度，mm；

f——材料抗拉强度 N/mm^2。

考虑到材料厚度不匀、刃口变钝等因素，所以计算冲裁力不用抗剪强度而用抗拉强度。常用材料的抗拉强度 f 见表 1.32。

表 1.32　常用材料的抗拉强度 f　（单位：N/mm^2）

材料	f（计算采用值）	材料	f（计算采用值）	材料	f（计算采用值）
Q195	390	45	730	紫铜	210 ~ 300
Q215	410	50	770	铝	70 ~ 150
Q235	460	Q295	570	夹布胶木	130
08F	360	Q345	630	胶木	75
08	400	65Mn	900	青铜 HSn90 - 1	320 ~ 480
10F	380	60Si2MnA	1600	青铜 QSn4 - 4 - 2.5	半硬 490
10	410				
20F	470	黄铜 H68	300 ~ 400	聚氯乙烯硬纸	80
20	500	黄铜 H62	300 ~ 420	纸板	70
25	550			夹金属网橡胶石棉	350

为减少冲裁力，可把冲头做成对称的斜度或弧形（图 1.42），当 $\alpha = 6°$ 时，冲裁力为 $P_1 = 0.5P$。

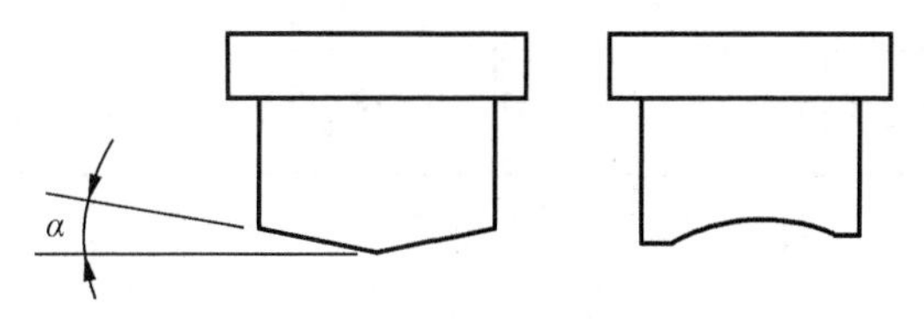

图 1.42　冲头制作示意图

2. 退料力、推出力和顶出力计算

退料力 $P_{退}$

$$P_{退}=K_{退}\cdot P$$

推出力 $P_{推}$

$$P_{推}=K_{推}\cdot P$$

顶出力 $P_{顶}$

$$P_{顶}=K_{顶}\cdot P$$

式中　P——冲裁力,N;

$K_{退}$、$K_{推}$、$K_{顶}$——系数,见表1.33。

表1.33　系数 *K* 值

<table>
<tr><th colspan="2">料厚/mm</th><th>$K_{退}$</th><th>$K_{推}$</th><th>$K_{顶}$</th></tr>
<tr><td rowspan="5">钢</td><td>≤0.1</td><td>0.06~0.09</td><td>0.1</td><td>0.14</td></tr>
<tr><td>0.1~0.5</td><td>0.04~0.07</td><td>0.065</td><td>0.08</td></tr>
<tr><td>0.5~2.5</td><td>0.025~0.06</td><td>0.05</td><td>0.06</td></tr>
<tr><td>2.5~6.5</td><td>0.02~0.04</td><td>0.045</td><td>0.05</td></tr>
<tr><td>>6.5</td><td>0.015~0.04</td><td>0.025</td><td>0.03</td></tr>
<tr><td colspan="2">铝、铜合金</td><td>0.03~0.08</td><td colspan="2">0.03~0.07</td></tr>
<tr><td colspan="2">紫铜、黄铜</td><td>0.02~0.06</td><td colspan="2">0.03~0.09</td></tr>
</table>

3. 合理间隙

合理间隙见表1.34。

表1.34　合理间隙值

<table>
<tr><th rowspan="2">材料类型</th><th rowspan="2">料厚
/mm</th><th colspan="2">合理间隙(每边)/mm</th><th rowspan="2">材料类型</th><th rowspan="2">料厚
/mm</th><th colspan="2">合理间隙(每边)/mm</th></tr>
<tr><th>最小</th><th>最大</th><th>最小</th><th>最大</th></tr>
<tr><td rowspan="2">08
65Mn
35</td><td rowspan="2">0.5</td><td rowspan="2">4%/0.02</td><td rowspan="2">6%/0.03</td><td>Q235
08</td><td rowspan="2">4</td><td>8%/0.32</td><td>11%/0.44</td></tr>
<tr><td>20
Q345</td><td>8.5%0.34</td><td>11.5%/0.46</td></tr>
<tr><td rowspan="2">Q235
08
Q295</td><td rowspan="2">1</td><td rowspan="2">5%/0.05</td><td rowspan="2">7%/0.07</td><td>Q235
0.8</td><td rowspan="3">6</td><td>9%/0.54</td><td>12%/0.72</td></tr>
<tr><td>20</td><td>9.5%/0.57</td><td>12.8%/0.75</td></tr>
<tr><td>Q235
08
Q295</td><td rowspan="2">2</td><td>6%/0.12</td><td>9%/0.18</td><td>Q345</td><td>7%/0.42</td><td>10%/0.60</td></tr>
<tr><td>20
Q345</td><td>6.5%/0.13</td><td>9.5%/0.19</td><td>Q345</td><td>8</td><td>7.5%/0.60</td><td>10.5%/0.84</td></tr>
</table>

4. 冲模尺寸及冲孔范围

冲孔时的冲模尺寸：

凸模外径 =［孔公称直径 +(0.4 ~0.8) ×孔径公差］- 凸模制造公差

凹模内径 =(凸模外径 -2 ×合理间隙) + 凹模制造公差

落料时：

凹模内径 =［孔公称外径 -(0.4 ~0.8)］× 外径公差 + 凹模制造公差

凸模外径 =(凹模内径 -2 ×合理间隙) - 凸模制造公差

凸凹模公差应满足如下关系式：

凸凹模制造公差之和≤最大间隙 - 最小间隙之差

表1.35 为凸凹模制作公差值。

表1.35　凸凹模制作公差

公称尺寸/mm	凸模偏差 $\delta_{凸}$/mm	凹模偏差 $\delta_{凹}$/mm
≤18	-0.020	+0.020
>18 ~30 >30 ~80	-0.020	+0.025 +0.030
>80 ~120	-0.025	+0.035
>120 ~180 >180 ~260	-0.030	+0.040 +0.045
>260 ~360 >360 ~500	-0.035 -0.040	+0.050 +0.060

凸凹模在工作时逐渐磨损，使间隙逐步增大，因此在制造新模具时，应采用最小的合理间隙；当对精度要求不高，间隙大一点又不影响零件的使用时，可采用大一些的间隙。

冲孔的孔径必须大于板厚，方可采用冲孔的加工方法。

当加工批量小时，长孔可用两端钻孔、中间氧割的办法加工，但孔的长度必须大于 $2d$(图1.43)。

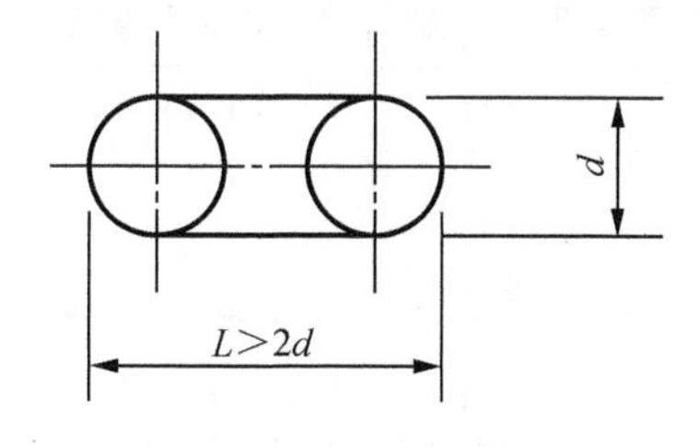

图1.43　孔的长度大于 $2d$

5. 冲孔设备

常用的冲孔设备为开式双柱可倾冲床。

七、制孔质量标准

A、B级螺栓孔(Ⅰ类孔)应具有H12的精度,孔壁表面粗糙度 *Ra* 不应大于12.5 μm,其孔径的允许偏差应符合表1.36的规定。C级螺栓孔(Ⅱ类孔),孔壁表面粗糙度 *Ra* 不应大于25 μm,其允许的偏差应符合表1.37的规定。检查时,应按构件数量的10%抽查,且不应少于3件,用游标卡尺或孔径量规检查。

表1.36　A、B级螺栓孔径的允许偏差　(单位:mm)

序号	螺栓公称直径、螺栓孔直径	螺栓公称直径允许偏差	螺栓孔直径允许偏差
1	10~18	0.00~0.18	+0.18 0.00
2	18~30	0.00~0.21	+0.21 0.00
3	30~50	0.00~0.25	+0.25 0.00

表1.37　C级螺栓孔的允许偏差　(单位:mm)

项目	允许偏差
直径	+1.0 0.0
圆度	2.0
垂直度	0.03*t*,且不大于2.0

注:*t* 为钢板厚度。

螺栓孔的孔距的允许偏差应符合表1.38的规定。检查时,应按构件数量的10%抽查,且不应少于3件,用钢尺检查。

表1.38　螺栓孔孔距的允许偏差　(单位:mm)

螺栓孔孔距范围	≤500	501~1 200	1 201~3 000	>3 000
同一组内任意两孔间距离	±1.0	±1.5	—	—
相邻两组的端孔间距离	±1.5	±2.0	±2.5	±3.0

螺栓孔孔距的偏差超过表1.36和表1.37规定的允许偏差时,应采用与母材材料相匹配的焊条补焊后重新制孔。

任务1.5　矫正技术

【学习任务单】

<table>
<tr><td>学习领域</td><td colspan="2">钢结构制作与安装</td></tr>
<tr><td>上篇</td><td>钢结构零部件的制作</td><td>学时</td></tr>
<tr><td>学习任务1.5</td><td>矫正技术</td><td>4</td></tr>
<tr><td>学习目标</td><td colspan="2">1. 知识目标
(1)掌握成品冷矫正工艺
(2)掌握火焰矫正工艺
(3)掌握矫正的主要形式以及分类
2. 能力目标
(1)能正确地根据相关图纸要求进行矫正作业
(2)能在团队合作的基础上进行矫正作业
3. 素质目标
(1)培养学生严谨认真的工作态度
(2)培养学生安全操作意识
(3)培养学生具有团队协作意识</td></tr>
<tr><td>学习资源</td><td colspan="2">教材、多媒体课件、教学动画、教学录像、任务单等</td></tr>
<tr><td>学习要求</td><td colspan="2">1. 认真进行课前预习,充分利用学习资源
2. 充分发挥团队合作精神,正确完成学习任务
3. 相互学习,相互借鉴,提高学习效率</td></tr>
</table>

任务导学:
矫正技术

钢结构矫正就是通过外力或加热作用,使钢材较短部分的纤维伸长,或使较长部分的纤维缩短,最后迫使钢材反变形,以使材料或构件达到平直及一定几何形状要求,并符合技术标准的工艺方法。

矫正的主要形式有矫直:消除材料或构件的弯曲;矫平:消除材料或构件的翘曲或凹凸不平;矫形:对构件的一定几何形状进行整形。矫正原理是利用钢材的塑性、热胀冷缩的特性,以外力或内应力作用迫使钢材反变形,消除钢材的弯曲、翘曲、凹凸不平等缺陷,以达到矫正的目的。

手工矫正
(微课)

矫正按加工工序分可分为原材料矫正、成型矫正、焊后矫正等;按矫正时外因来源可分为机械矫正、火焰矫正、高频热点矫正、手工矫正、热矫正等;按矫正时温度可分为冷矫正、热矫正等。

一、成品冷矫正

冷矫正
(微课)

成品冷矫正一般使用翼缘矫平机、撑直机、油压机。

图1.44和图1.45分别为翼缘矫平机工作示意图、工字形翼板矫正胎示意图。

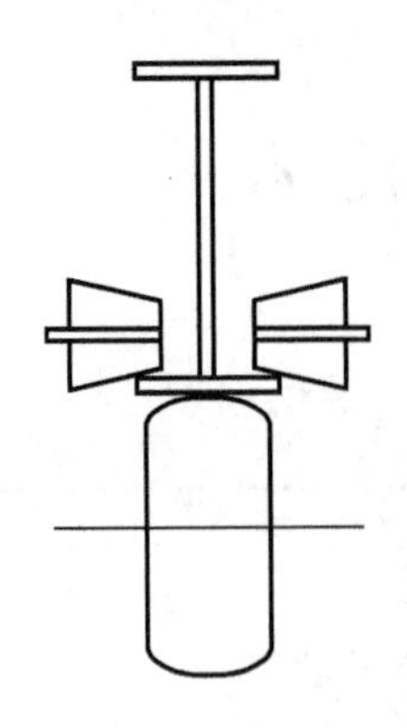

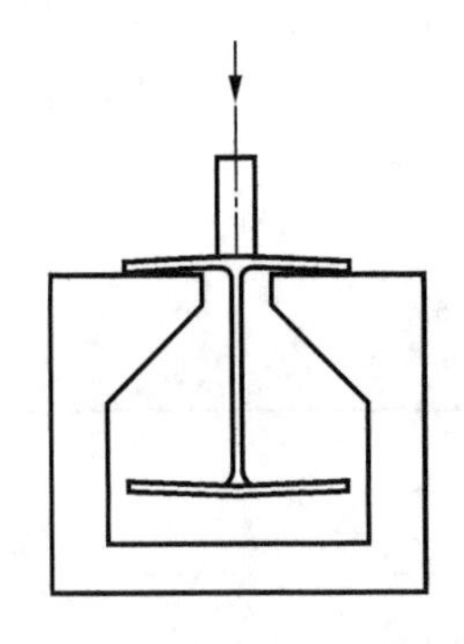

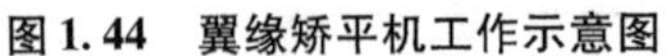

图1.44 翼缘矫平机工作示意图

图1.45 工字形翼缘矫正胎示意图

机械式H形钢翼缘矫正机HUJ－800型的翼缘矫正厚度可达40 mm,翼缘宽度为200～800 mm,腹板最小高度为350 mm。

冷矫正实例:

(1)大扳子板边矫正(图1.46)。

(2)用千斤顶矫正(图1.47)。

(3)千斤顶矫正货架柱(图1.48)。

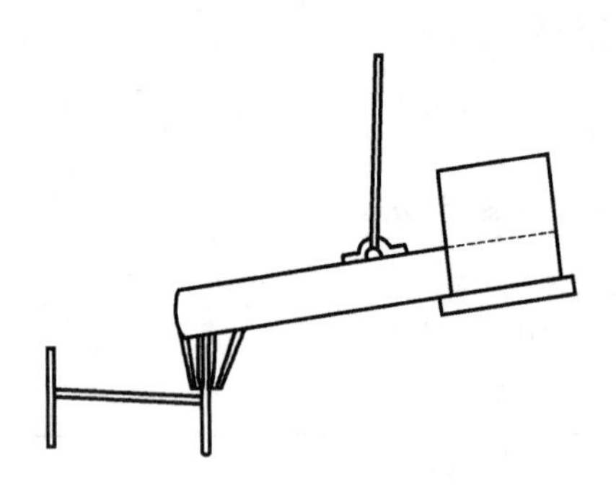

图1.46 大扳子板边矫正示意图

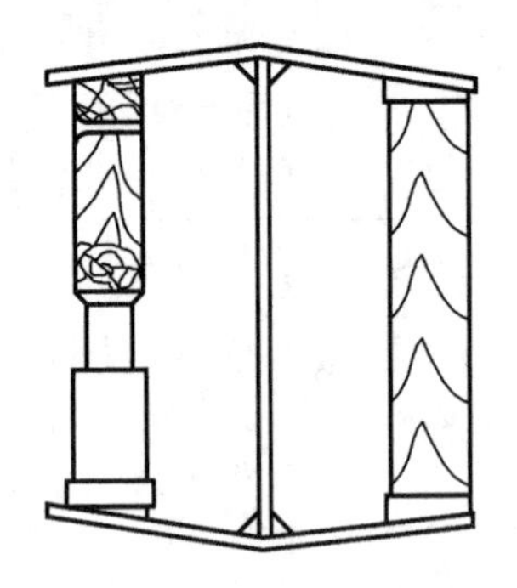

图1.47 用千斤顶矫正示意图

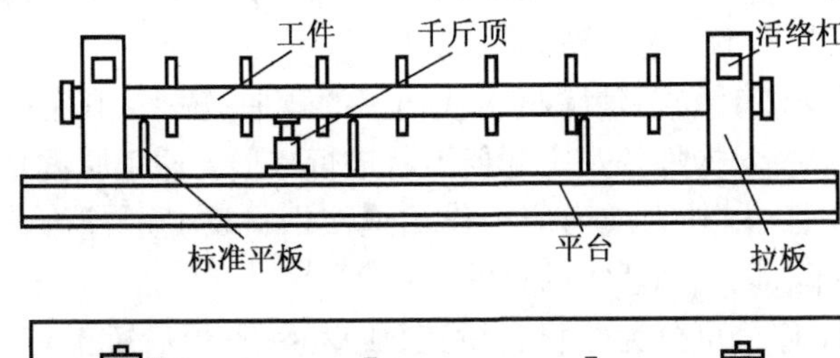

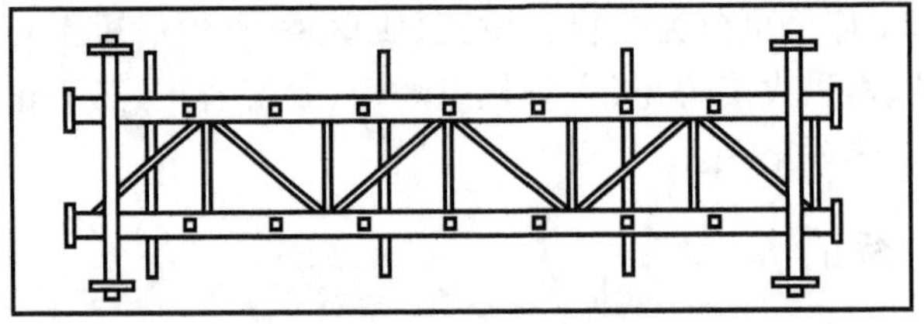

图1.48 千斤顶矫正货架示意图

火焰矫正
（微课）

二、火焰矫正

当钢材型号超过矫正机负荷能力或构件形式不适于采用机械校正时，可采用火焰矫正。

1. 火焰矫正的原理

钢材受热后会以 $1\times10^{-5}\sim2\times10^{-5}$ 的线膨胀率向各方向伸长。由于周围物体对受热处物体的限制，受热物体受到压缩，当冷却时就会比原来的长度有所减少，故收缩后的长度比未受热前有所缩短。这种特性就为火焰矫正提供了可能。用此法矫正时，在适当位置对构件进行火焰加热，当构件冷却时即产生很大的冷缩应力，达到矫正变形的目的。

2. 火焰矫正常用方法及温度控制

火焰矫正常用的加热方法有点状加热、线状加热和三角形加热三种。点状加热时根据结构特点和变形情况，可加热一点或数点。线状加热时火焰沿直线移动或同时在宽度方向做横向摆动，宽度一般约为钢材厚度的 0.5 ~2 倍，多用于弯形量较大或刚性较大的结构。三角形加热的收缩量较大，常用于矫正厚度较大、刚性较强的构件的弯曲变形。图 1.49 至图 1.51 分别为点状加热、线状加热和三角形加热矫正的示意图。

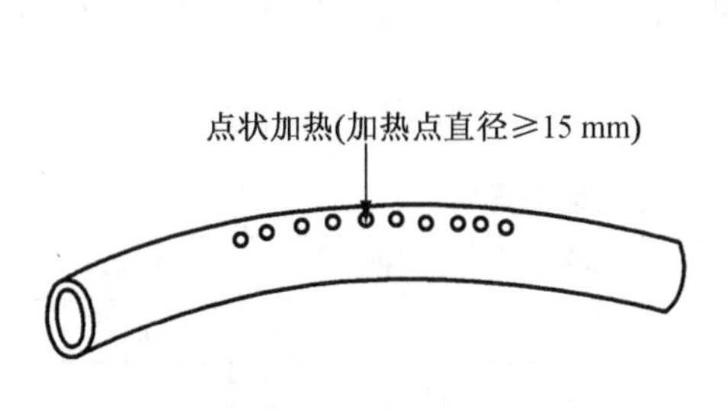

图 1.49　点状加热

直线形

摆动曲线形

环线形

图 1.50　线状加热

低碳钢和普通低合金钢的热矫正加热温度一般为 600 ~900 ℃，800 ~900 ℃是热塑性变形的理想温度，但不得超过 900 ℃。如加热温度过高，会使钢材内部组织发生变化，晶粒长大，材质变差。低碳钢塑性好，收缩应力超过屈服点时随即产生变形而引起应力重分配，不会产生大问题。但中碳钢则会由于变形而产生裂纹，所以中碳钢一般不用火焰矫正。普通低合金结构钢在加热矫正后应缓慢冷却。

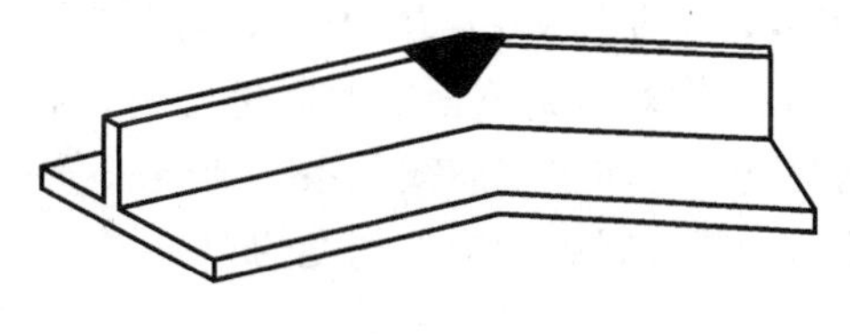

图 1.51　三角形加热

3. 火焰矫正加热状态对矫正效果的影响

火焰矫正的关键是正确掌握火焰对钢材进行局部加热以后钢材的变形规律。影响火焰矫正效果的因素主要有火焰加热位置、加热形状、宽度、长度、大小、温度等。加热位置的确定应选择在钢材弯曲处其纤维需缩短的部位，一般来说在弯曲处向外凸一侧加热能使弯曲趋直。

加热面积(包括加热线的宽度、点的直径、三角形的面积大小等)对矫正变形能力的大小有显著影响,见表1.39。由表可以看出,同一厚度的钢板加热线越宽,钢板弯曲量越大。一般来说,加热线宽度与弯曲量成正比关系。加热线宽度为板厚的0.5~2倍较合适。

表1.39　加热线的宽度对钢板弯曲的影响

钢板厚/mm	弯曲量/(mm/m)					深度/mm
	20	30	40	60	80	
20	3.8	5.3	6.6	8.0	—	2~3
30	—	3.2	4.1	5.6	6.5	2~3
60	—	2.1	2.5	3.2	3.7	3~5
80	—	—	0.5	0.8	1.2	3~5
135	—	—	—	0.2	0.6	5~7

钢材的加热温度在火焰矫正所允许的温度范围内,一般来说温度越高,矫正变形能力越大。对ϕ100 mm×1 000 mm的圆钢在中间以不同温度加热,其加热温度与冷却后圆钢弯曲量见表1.40。从表中可以看出,加热温度与矫正变形能力成正比关系。

表1.40　加热温度与弯曲量关系表

加热温度t/℃	200	400	600	800	1 000
弯曲量f/(mm/m)	0.08	0.14	0.20	0.26	0.32

加热深度是火焰矫正控制矫正效果的重要一环。对10 mm厚1 000 mm×1 000 mm的钢板在居中20 mm宽度进行直线加热,加热温度700~800 ℃,在施以不同加热深度后,钢板的弯曲量见表1.41。从表中可以看出,钢板在不同加热深度情况下与弯曲量成曲线关系。加热深度一般控制在钢材厚度的40%以下,如用三角形加热方式则为构件宽度的40%左右。

表1.41　加热深度与弯曲量关系表

加热深度/mm	1	2	3	4	5	6	7	8	9
弯曲量f/(mm/m)	2.0	2.8	3.2	3.3	3.2	2.9	2.6	1.9	1.2

加热深度一般较难测量,大都凭经验判断。如果一次加热未达到矫正效果,则需要做第二次加热,其加热温度应略高于前次,否则亦将无效果。热矫正的加温次数与升温成正比,每重复一次必须要提高一次温度才有收获,而若钢材温度超过900 ℃,则材料性能变脆,影响使用性能,所以同一部位加热矫正不得超过两次。

热矫正后的冷却方式也很重要,如在空气中缓慢冷却,被加热区钢材的韧性几乎不下降;而用浇水骤冷,则被加热区就有明显的脆化现象。所以,热矫正后应缓慢冷却,不得用水骤冷。

4. 火焰矫正工艺规程

进行火焰矫正操作要遵守一定的工艺规程,一般可按如下工艺规程进行操作:

(1)做好矫前准备,检查氧、乙炔、工具、设备情况,选择合适的焊矩、焊嘴。

(2)了解矫正件的材质及其塑性、结构特性、刚性,技术条件及装配关系等,找出变形原因。

(3)用目测或直尺、粉线等测量变形尺寸,确定变形大小,并分析变形的类别。

(4)确定加热位置和加热顺序,考虑是否需加外力。一般先矫正刚性大的方向和变形大的部位。

(5)确定加热范围、加热温度和深度。一般对于变形大的大工件,其加热温度为 600 ~ 800 ℃,焊接件的矫正加热温度为 700 ~ 800 ℃。

(6)检查矫正质量,对未能达到质量要求的进行再次火焰矫正。矫正量过大的应在反方向进行火焰矫正,直到符合技术要求。

(7)一般件经矫正后不需做退火处理,但对有专门技术规定的矫正件需做退火处理,以消除矫正应力。焊接件的退火温度一般为 650 ℃。

5. 火焰矫正实例

(1)一钢板弯曲情况如图 1.52 所示,试用火焰矫正。

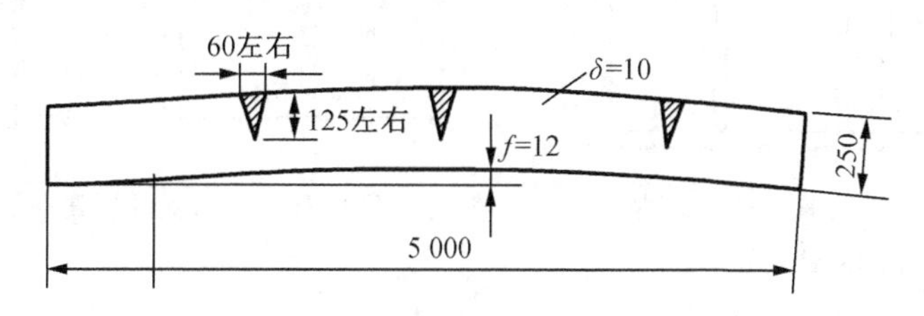

图 1.52　火焰矫正钢板示意图

方法 1:集中加热 3 个三角形(图 1.52 中阴影部分),加热范围应到达钢板宽度中心,每处边缘处宽度取 60 mm,加热温度取 900 ℃。冷却后观察,如有不足,在两间距中间再加热两处,根据残余变形量的大小调节加热区的宽度。

方法 2:在中间 3 ~ 4 mm 长度范围内均匀加热其凸出的边缘,烤枪按螺旋形走向运作,宽度约 30 mm,见红就走。此时由于受热面积小,冷却较快,很快可以见到矫正的效果。但因钢板易产生平面外的挠曲,故应在反面同样烤 1 次。

(2)大型工字钢 I60d,长 6 m,用火焰矫正其上下、左右的弯曲和上下翼缘与腹板的不垂直(图 1.53)。

矫正方法:先架起两端,烤①处,以矫正其上下弯曲,此时至少用两支烤枪使整个阴影部分全部加热至 700 ℃以上,冷却后观察其变形是否达到要求,如达不到要求,再烤一次。待达到要求后再烤②处,以矫正其水平弯曲。待水平和垂直弯曲矫正完毕,方可烤③处,以矫正其翼板不垂直于腹板,方法是见红即往前走,烤完全长(或局部),冷却后观察,并用样板进行检查,间隙不超过规定即可。

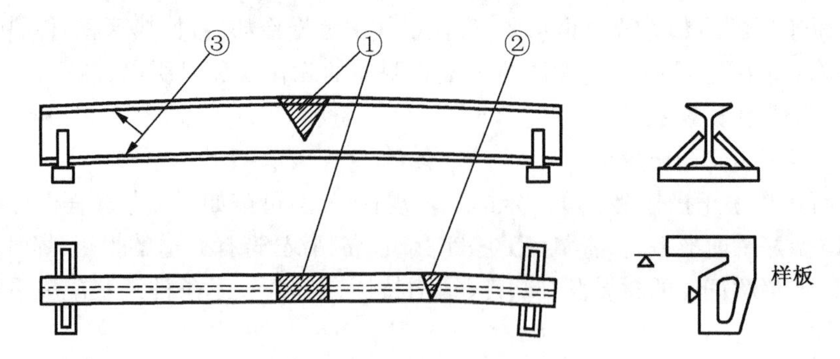

图1.53 大型工字钢的火焰矫正示意图

(3)工字形构件焊后四角下陷的混合矫正(图1.54)。

(4)大模板焊后弯曲的矫正(图1.55)。

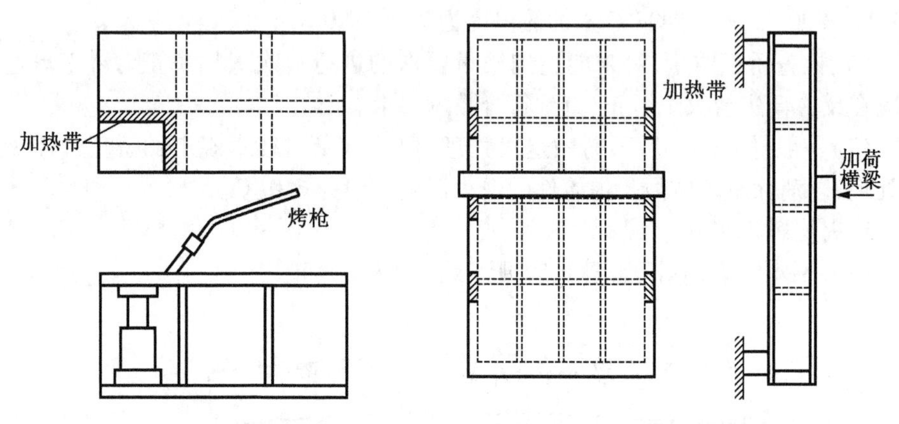

图1.54 工字形构件焊后四角下陷的混合矫正

图1.55 大模板焊后弯曲的矫正

(5)斗轮机斗轮臂矫正。焊后右端向内收缩约30 mm,用左右旋丝杠顶出以后,在影线部分烤红,冷却后即达到要求。

(6)模拟吊车梁焊后失稳、整体翘曲的矫正。焊后整个翘曲达80 mm以上。分析原因,是腹板较薄,焊缝较多,相对来说翼缘板的收缩量较小,因此产生较大的内应力。矫正方法是把梁放平,将上、下翼缘的影线部分烤红,冷却后内应力降低而平整。

三、矫正质量检验

矫正后的钢材表面,不应有明显的凹痕或损伤,划痕深度不得大于0.5 mm,且不得大于该钢材厚度允许负偏差的1/2。钢材矫正后应按照矫正件数抽查10%,且不应少于3个,采用观察检查和实测检查,其允许偏差应符合表1.42的规定。

表 1.42　钢材矫正后的允许偏差　（单位：mm）

项目		允许偏差	图例
钢板的局部平面度	$t \leq 6$	3.0	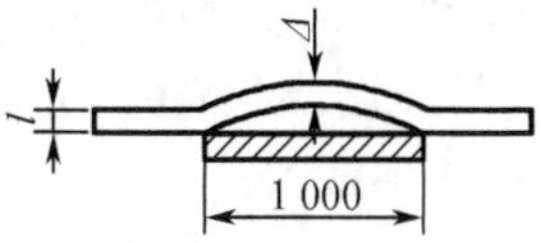
	$6 < t \leq 14$	1.5	
	$t > 14$	1.0	
型钢弯曲矢高		$l/100$，且不大于 5.0	
角钢肢的垂直度		$b/100$ 双肢栓接角钢的角度不得大于 90°	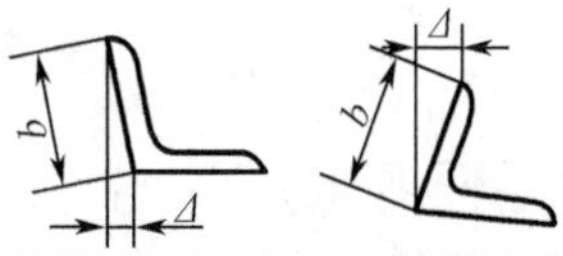
槽钢翼缘对腹板的垂直度		$b/80$	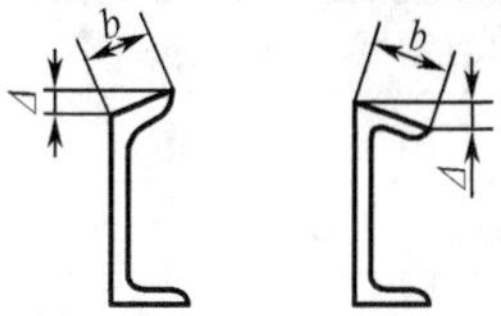
工字钢、H 型钢翼缘对腹板的垂直度		$b/100$，且不大于 2.0	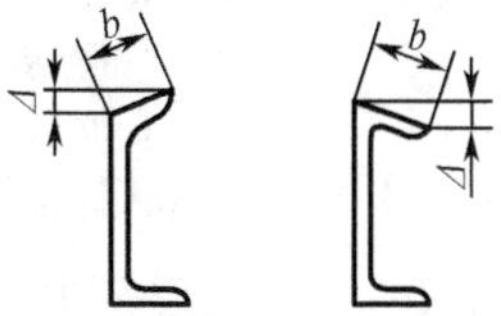

钢管弯曲成型和矫正后需要进行全数检查，用样板和尺（仪器）实测检查，其允许偏差应符合表 1.43 的要求。

表 1.43　钢管弯曲成型和矫正后的允许偏差　（单位：mm）

项目	允许偏差	检查方法	图例
直径	$\pm d/200$，且 $\leq \pm 3.0$	卡尺	
钢管、箱形构件侧弯	$l < 4\,000$，$\Delta \leq 2.0$ $4\,000 \leq l < 16\,000$，$\Delta \leq 3.0$ $l \geq 16\,000$，$\Delta \leq 5.0$	用拉线和钢尺检查	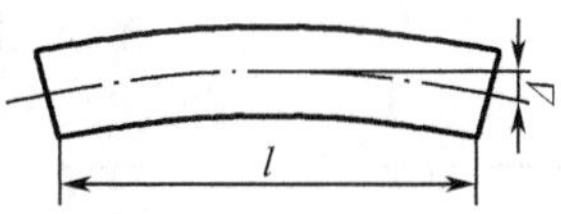
椭圆度	$f \leq d/200$，且 ≤ 3.0	用卡尺和游标卡尺检查	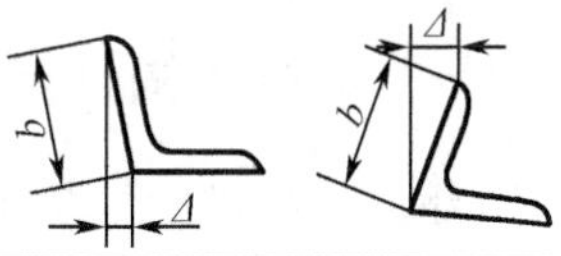
曲率（弧长 > 1 500）	$\Delta \leq 2.0$	用样板（弧长 ≥ 1 500）检查	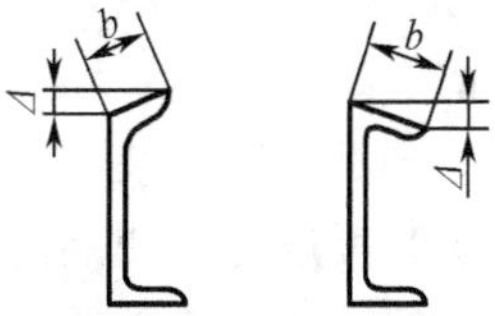

钢板压制或卷制钢管时,应符合如下要求:

(1)完成压制或卷制后,应采用样板检查其弧度。

(2)完成压制或卷制后,对口错边 $t/10$(t 为壁厚)且不应大于 3 mm。

(3)压制或卷制时,应进行全数检查,用套模或游标卡尺检查,不得采用锤击方法矫正钢板。

任务1.6 组 装

【学习任务单】

学习领域	钢结构制作与安装	
上篇	钢结构零部件的制作	学时
学习任务1.6	组装	6
学习目标	1.知识目标 (1)掌握钢结构组装的方法 (2)掌握钢结构组装的过程 (3)掌握预总装常见的缺陷及修正 2.能力目标 (1)能正确地根据相关标准进行钢结构的组装与预总装 (2)能在团队合作的基础上进行钢结构的组装与预总装 3.素质目标 (1)培养学生严谨认真的工作态度 (2)培养学生安全施工意识 (3)培养学生具有团队协作意识	
学习资源	教材、多媒体课件、教学动画、教学录像、任务单等	
学习要求	1.认真进行课前预习,充分利用学习资源 2.充分发挥团队合作精神,正确完成学习任务 3.相互学习,相互借鉴,提高学习效率	

任务导学:组装

一、钢结构构件组装的规定

钢结构构件的组装是遵照施工图的要求,把已加工完成的各零件或半成品构件,用装配的手段组合成为独立的成品。组装根据构件的特性以及组装程度,可分为部件组装、组装、预总装。

部件组装是装配的最小单元的组合,它是将两个或两个以上零件按施工图的要求装配成为半成品的结构部件。

组装是把零件或半成品按施工图的要求装配成为独立的成品构件。

预总装是根据施工总图把相关的两个以上成品构件,在工厂制作场地,按其各构件空间位置总装起来。其目的是真实地反映各构件装配节点，保证构件安装质量。预总装目前已广泛使用在采用高强度螺栓连接的钢结构构件制造中。

钢结构构件的组装一般规定如下：

(1)组装前，施工人员必须熟悉构件施工图及有关技术要求，并且根据施工图要求复核其需组装零件质量。

(2)由于原材料的尺寸不够，或技术要求需拼接的零件，一般必须在组装前拼接完成。

(3)在采用胎模装配时必须遵照下列规定：

①选择的场地必须平整，而且具有足够的刚度。

②布置装配胎模时必须根据其钢结构构件特点考虑预放焊接收缩余量及其他各种加工余量。

③组装出首批构件后，必须由质量检查部门进行全面检查，经合格认可后方可继续组装。

④构件在组装过程中必须严格按工艺规定装配，当有隐蔽焊缝时，必须先行预施焊，并经检验合格方可覆盖。当有复杂装配部件不易施焊时，亦可采用边装配边施焊的方法来完成装配工作。

⑤为了减少变形和装配顺序，尽量先组装焊接成小件，并进行矫正，尽可能消除施焊产生的内应力，再将小件组装成整体构件。

⑥高层建筑钢结构构件和框架钢结构构件均必须在工厂进行预拼装。

(4)钢结构组装工程可按钢结构制作工程检验批的划分原则划分为一个或若干个检验批。构件组装应根据设计要求、构件形式、连接方式、焊接方法和焊接顺序等确定合理的组装顺序。板材、型材的拼接应在构件组装前进行。构件的组装应在部件组装、焊接、校正并经检验合格后进行。构件的隐蔽部位应在焊接、栓接和涂装检查合格后封闭。

二、钢结构构件组装的方法

钢结构构件的组装，必须根据构件的结构特性和技术要求，结合制造厂的加工能力、机械设备等情况，选择能有效控制组装精度、耗工少、效益高的方法。

钢结构构件组装方法见表 1.44。

表 1.44　钢结构构件组装方法

名称	装配方法	适用范围
地样法	按比例 1:1 在装配平台上放有构件实样，然后根据零件在实样上的位置，分别组装起来成为构件	桁架、柜架等少批量结构组装
仿形复制装配法	先用地样法组装成单面（单片）的结构，并且必须定位电焊，然后翻身作为复制胎模，在上装配另一单面的结构，往返两次组装	横断面互为对称的桁架结构

表1.44(续)

名称	装配方法	适用范围
立装	根据结构的特点及其零件的稳定位置,选择自上而下或自下而上地装配	用于放置平稳、高度不大的结构或大直径圆筒
卧装	构件放置卧的位置的装配	用于断面不大但长度较大的细长构件
胎模装配法	把构件的零件用胎模定位在其装配位置上的组装	用于制造构件批量大、精度高的产品

注:在布置拼装胎模时必须注意各种加工余量。

三、组装步骤

1.组装前的准备

(1)零件复核:按施工图要求复核其前道加工质量,并按要求归类堆放。

(2)以基准面来作为装配的定位基准。一般按下列规律选择基准面:

①构件的外形有平面也有曲面时,应以平面作为装配基准面。

②在零件上有若干个平面的情况下,应选择较大的平面作为装配基准面。

③根据构件的用途,选择最重要的面作为装配基准面。例如,冷作件中某些技术要求较高的面经过机械加工,一般就以该加工面为装配基准面。

④选择的装配基准面应在装配过程中最便于零件定位和夹紧。

2.画线法组装

画线法组装是根据图纸画出各组装零件装配定位基准线,再进行零件相互之间的装配。其适用于少批量零件的部件组装。地样法就是画线法的典型示例。

3.胎模装配法组装

胎模装配法组装是用胎模把各零件固定在装配的位置上,用焊接定位使组装一次成型。其特点是装配质量高、工效快,是目前制作大批构件组装中普遍采用的方法之一。

4.制作组装胎模一般规定

(1)胎模必须根据施工图的构件1:1实样制造,其各零件定位胎模加工精度与构件精度符合或高于构件精度。

(2)胎模必须是一个完整的、不变形的整体结构。

(3)胎模应在离地800 mm左右架设或是在人们操作的最佳位置架设。

5.组装用的典型胎模

(1)H型钢结构组装水平胎模

此胎模由下部工字钢组成横梁平台5、侧向翼板定位靠板4、翼缘板搁置牛腿3、纵向腹板定位工字梁2、翼缘板夹紧工具1组成(图1.56)。

其工作原理是利用翼缘板与腹板本身重力,使各零件分别放置在其工作位置上,然后用夹具夹紧一块翼缘板作为定位基准面,从另一个方向增加一个水平推力,亦可用铁楔或千斤顶等工具横向施加水平推力至翼腹板三板紧密接触,最后用电焊定位三板翼缘点,H 型钢结构即组装完工。

其胎模特点:适用于大批量 H 型钢结构的组装;组装 H 型钢结构装配质量高、速度快,但装配的场地占用较大。

(2) H 型钢结构竖向组装胎模

H 型钢结构竖向组装胎模由工字钢平台横梁 1、胎模角钢立柱 2、腹板定位靠模 3、上翼缘板定位限位 4、顶紧用的千斤顶 5 等组成(图 1.57)。

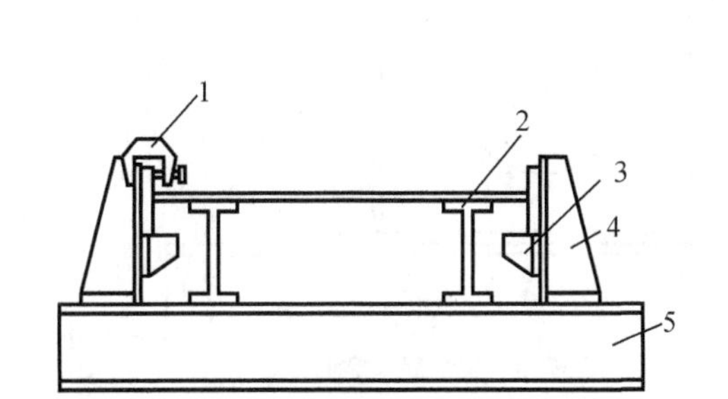

1—翼缘板夹紧工具;
2—纵向腹板定位工字梁;
3—翼缘板搁置牛腿;
4—侧向翼板定位靠板;
5—下部工字钢组成横梁平台。

图 1.56　H 型钢结构组装水平胎模

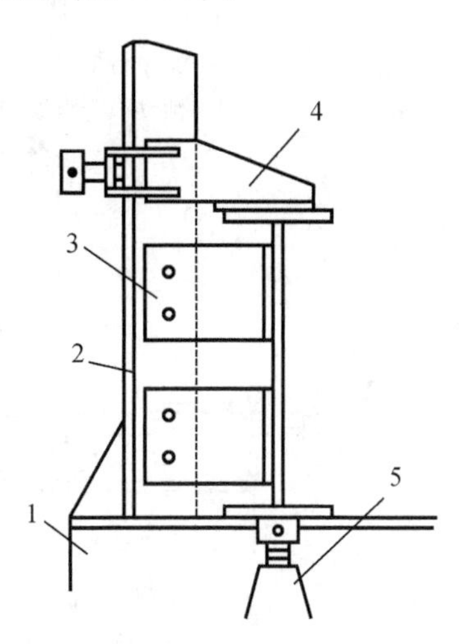

1—工字钢平台横梁;
2—胎模角钢立柱;
3—腹板定位靠模;
4—上翼缘板定位限位;
5—千斤顶。

图 1.57　H 型钢结构竖向组装胎模

其工作原理:利用各定位限值使 H 型钢结构翼缘板初步到位,然后用千斤顶产生向上顶力,使翼缘板顶紧,最后用电焊定位组装 H 型钢结构。

它的使用方法:把下翼缘放置在工字钢横梁上,吊上腹板先进行腹板与下翼缘组装定位点焊,吊出胎模备用。在工字钢横梁上铺设上翼板,然后把装配好的⊥形结构翻为 T 形结构装在胎模上夹紧,用于顶紧上翼缘与腹板间隙,并且用电焊定位,H 型钢结构即形成了。

竖向组装胎模特点:占场地小,胎模结构简单,组装效率较高,其缺点是组装 H 型钢需二次成型,先加工成为 T 形结构,然后再组合成 H 型钢结构。

(3)箱型组装胎模

箱型组装胎模由工字钢平台横梁 1、腹板活动定位靠模 2、活动定位靠模夹头 3、活动横臂腹板定位夹具 4、腹板固定靠模 5、活动装配千斤顶 6 等附件组成(图 1.58)。

它的工作原理是利用腹板活动定位靠模与活动横臂腹板定位夹具固定腹板,然后用活动装配千斤顶顶紧腹板与底板接缝,并且用电焊定位好。图 1.59 所示是箱型结构组装胎模的另一种形式。其工作原理是利用活动腹板定位靠模产生的横向推力,使腹板紧贴接触其内部肋板;利用腹板重力,使腹板紧贴下翼板;最后分别用焊接定位,组装成为箱型结构。

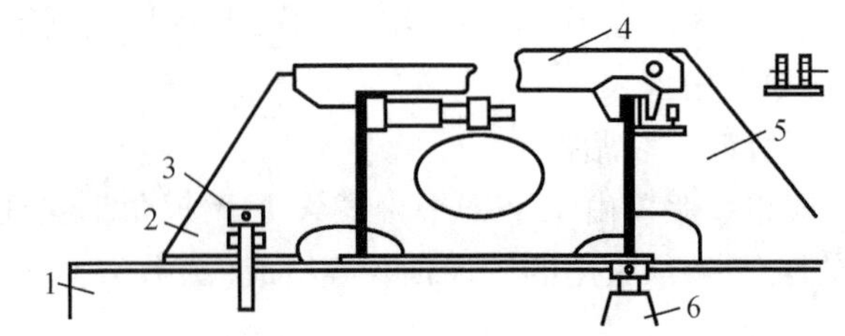

1—工字钢平台横梁;2—腹板活动定位靠模;3—活动定位靠模夹头;
4—活动横臂腹板定位夹具;5—腹板固定靠模;6—千斤顶。

图1.58 箱型组装胎模(1)

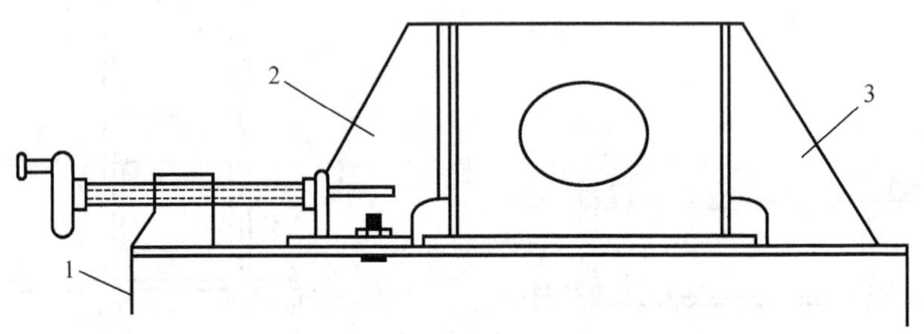

1—工字钢平台横梁;2—活动腹板定位靠模;3—腹板固定靠模。

图1.59 箱型组装胎模(2)

(4)特殊的装配胎模

特殊的装配胎模如图1.60所示。它根据结构各零件的特性与技术要求,由胎模各定立靠模把零件固定起来,达到整体组装的目的。

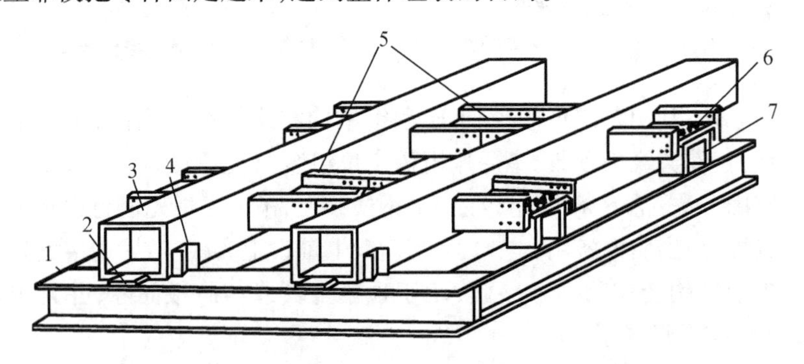

1—装配平台;2—纵向定位板;3—箱型物件;4—横向定位靠模;
5—H型构件;6—定位孔销轴;7—定位孔胎模。

图1.60 特殊装配胎模

桁架结构组装胎模(图1.61)也是由定位靠模把零件组装起来的整体结构。钢结构组装必须严格按照工艺要求进行,其顺序在通常情况下,先组装主要结构的零件,从内向外或从里向表装配。在装配组装全过程不允许采用强制的方法来组装构件;避免产生各种内应力,减少装配变形。

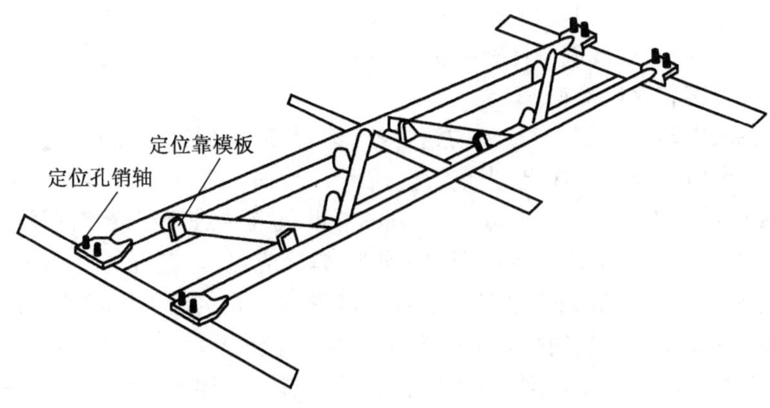

图 1.61　桁架结构组装胎模

6. 预总装的一般规定

(1) 所有需预总装构件必须是经过质量检验部门验证合格的钢结构成品。

(2) 预总装工作场地应配备适当的吊装机械和装配空间。

(3) 预总装胎模按工艺要求铺设,其刚度应保证。

(4) 构件预总装时,必须在自然状态下进行,使其正确地装配在相关构件安装位置上。

(5) 需在预总装时制孔的构件,必须在所有构件全部预总装完工后,通过整体检查确认无误后,才可进行预总装制孔。

(6) 预总装完毕后,拆除全部的定位夹具,方可拆装配的构件,以防止吊卸产生的变形。

7. 预总装常见缺陷及修正

(1) 预装尺寸偏差是由于构件预总装部位以及胎模铺设不正确造成的。修正的办法一般对不到位的构件采用顶、拉手段来使其到位;胎模铺设不正确,则采用重新修正的方法。

(2) 节点部位孔偏差是由于构件制孔不正确造成的。一般处理方法是:孔偏差≤3 mm 时,用扩孔方法解决;孔偏差 >3 mm 时,用电焊补孔打磨平整、重新钻孔方式解决;当补孔工作量大时,则采用换节点连接板方法解决。

四、组装质量标准

(1) 钢材、钢部件拼接或对接时所采用的焊缝质量等级应满足设计要求。当设计无要求时,应采用质量等级不低于二级的熔透焊缝,对直接承受拉力的焊缝,应采用一级熔透焊缝。所有焊缝均需要进行检查,并出具检查超声波探伤报告。

(2) 焊接 H 型钢的翼缘板拼接缝和腹板拼接缝错开的间距不宜小于 200 mm。翼缘板拼接长度不应小于 2 倍翼缘板宽且不小于 600 mm;腹板拼接宽度不应小于 300 mm,长度不应小于 600 mm。所有的拼接缝均需要进行观察和用钢尺检查。

(3) 箱形构件的侧板拼接长度不应小于 600 mm,相邻两侧板拼接缝的间距不宜小于 200 mm,侧板在宽度方向不宜拼接,当截面宽度超过 2 400 mm,确需拼接时,最小拼接宽度不宜小于板宽的 1/4。所有拼接均需要进行观察和钢尺检查。

(4)热轧型钢采用直口全熔透焊接拼接,其拼接长度不应小于2倍截面高度且不应小于600 mm。动载或设计有疲劳验算要求的应满足其设计要求。所有拼接均需要进行观察和钢尺检查。

(5)除采用卷制方式加工成型的钢管外,钢管接长时每个节间宜为一个接头,最短接长长度应符合如下规定:当钢管直径 $d \leqslant 800$ mm 时,不小于600 mm;当钢管直径 $d > 800$ mm 时,不小于1 000 mm。所有接长均需要进行观察和钢尺检查。

(6)钢管接长时,相邻管节或管段的纵向焊缝应错开,错开的最小距离(沿弧长方向)不应小于5倍的钢管壁厚。主管拼接焊缝与相贯的支管焊缝间的距离不应小于80 mm。所有接长均需要进行观察和钢尺检查。

(7)钢吊车梁的下翼缘不得焊接工装夹具、定位板、连接板等临时工件。钢吊车梁和吊车桁架组装、焊接完成后再自重荷载下不允许有下挠。全数检查,将构件直立,在两端支撑后,用水准仪和钢尺检查。

(8)焊接H型钢组装尺寸用钢尺、角尺、塞尺等检查,按构件数的10%抽查,且不应少于3件。其允许偏差应符合表1.45所示的要求。

表1.45　焊接H型钢组装尺寸的允许偏差　(单位:mm)

项目		允许偏差	图例
截面高度 h	$h < 500$	±2.0	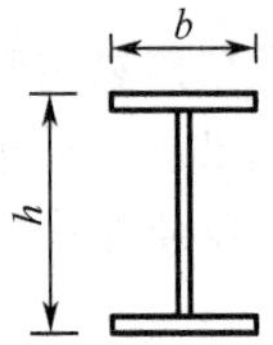
	$500 \leqslant h \leqslant 1\,000$	±3.0	
	$h > 1\,000$	±4.0	
截面宽度 b		±3.0	
腹板中心偏移 e		2.0	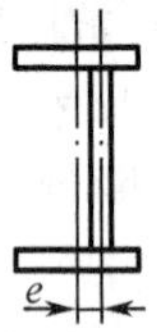
翼缘板垂度 Δ		$b/100$,且不大于3.0	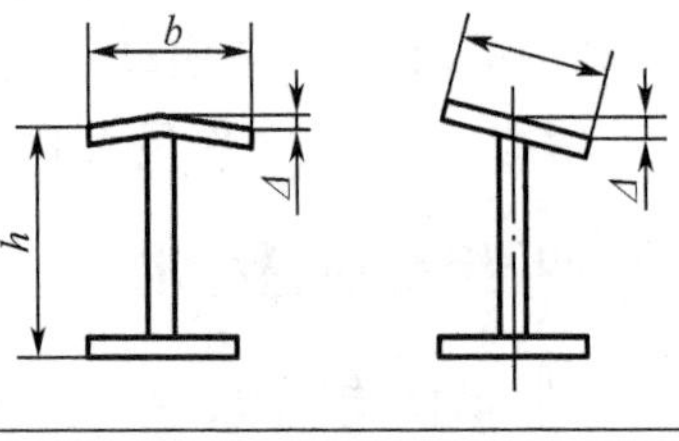
弯曲矢高		$l/1\,000$,且不大于10.0	—
扭曲		$h/250$,且不大于5.0	—
腹板局部平面度 f	$t \leqslant 6$	4.0	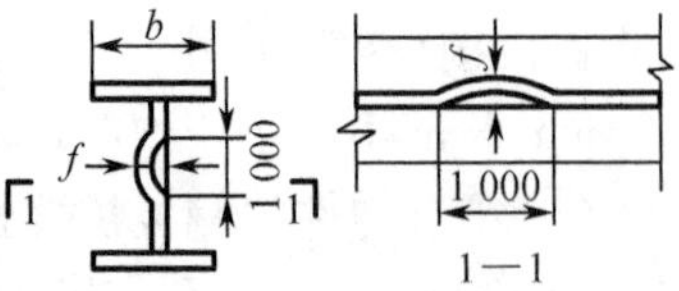
	$6 < t < 14$	3.0	
	$t \geqslant 14$	2.0	

注:l 为 H 型钢长度。

(9)焊接连接组装尺寸的允许偏差应符合表1.46的规定。按钢构件数抽查10%,且不应少于3件。用钢尺、角尺、塞尺等检查。

表1.46　焊接连接组装尺寸的允许偏差　(单位:mm)

项目	允许偏差		图例
对口错边 Δ	t/10,且不大于3.0		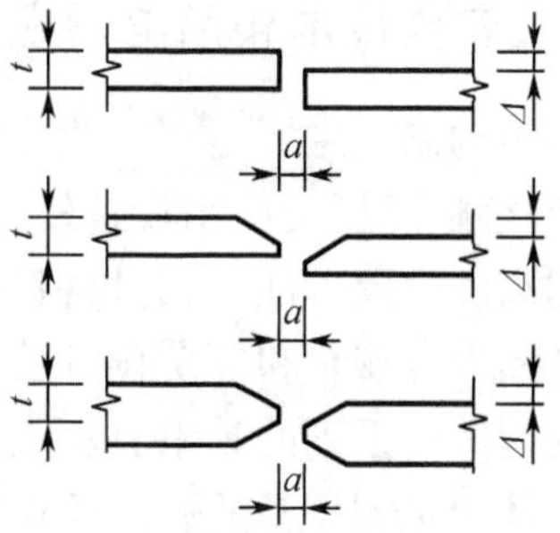
间隙 a	1.0		
搭接长度 a	±5.0		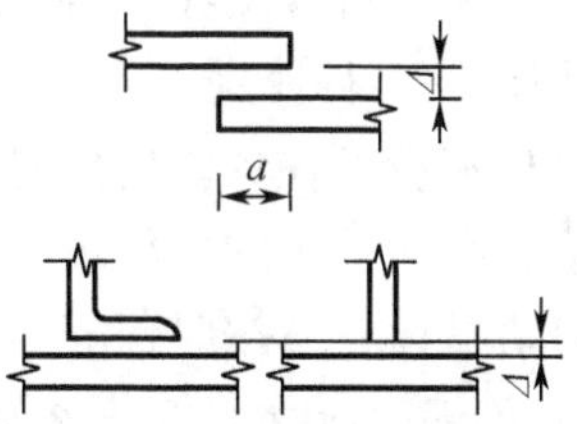
缝隙 Δ	1.5		
高度 h	±2.0		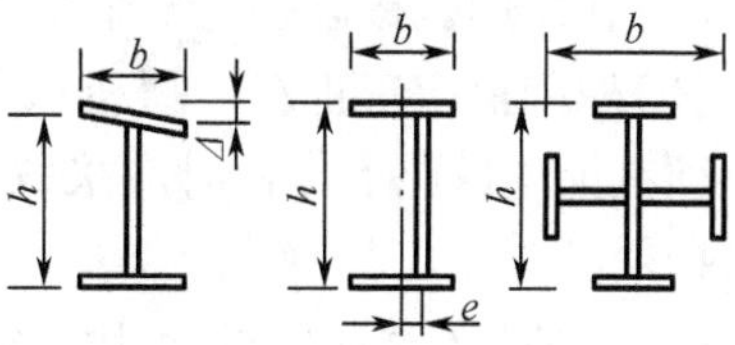
垂直度 Δ	b/100,且不大于3.0		
中心偏移 e	2.0		
型钢错位 Δ	连接处	1.0	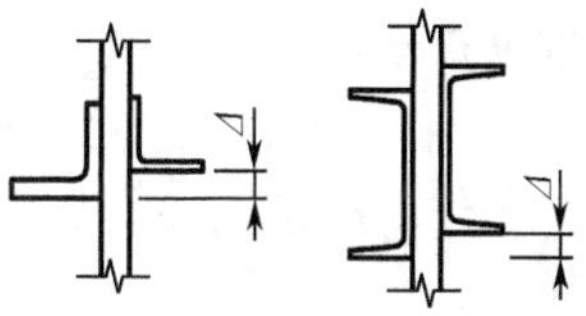
	其他	2.0	
箱形截面高度 h	±2.0		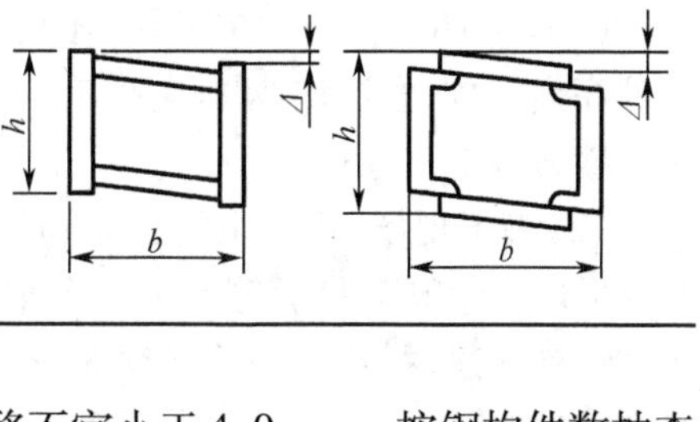
宽度 b	±2.0		
垂直度 Δ	b/200,且不大于3.0		

(10)桁架结构组装时,杆件轴线交点偏移不宜小于4.0 mm。按钢构件数抽查10%,且不应少于3件;每个抽查构件按节点数抽查10%,且不应少于3个节点。采用尺量检查。

拓展学习

钢结构制作安全技术

一、安全技术和用电常识

钢结构制造主要是在专业化的金属结构厂中进行,加工时必然和机械设备及电器相接触,除了会使用设备外,还必须掌握安全技术和用电常识。由于现代科学技术的高度发展,可能引起机械伤亡或触电事故等的潜在危险因素在增长,为保障劳动者的人身安全和厂房设备的安全等,国家先后颁布了有关劳动保护条例、安全操作规程等一系列的政策、法令、规章、规程,人人均应学习和遵守。

1. 使用机械设备的安全要求

(1)机械设备应按技术性能的要求正确使用;缺少安全装置或安全装置已失效的机械设备不得使用。

(2)机械设备在冬季使用时,应执行《建筑机械冬季使用的有关规定》。

(3)处在运转中的机械设备,严禁对其进行维修、保养或调整等作业。

(4)机械设备应按时保养,在发现有渗漏、失修或超载、带病运转等情况时,当事人或有关部门应立即停止该设备的使用。

(5)在使用机械设备与安全生产发生矛盾时,必须服从安全第一的要求。

(6)原则上应禁止在有碍机械安全运转和人身健康的场所作业,如有特殊情况必须在上述情况下作业时应采取相应的安全措施;操作人员必须配备适用的劳动保护用品。

(7)凡违反《建筑机械使用安全技术规程》(JGJ 33—2012)的命令,操作人员有权拒绝执行。由于发令人强制违章作业而造成事故者,应追究发令人的责任,直至追究刑事责任。

(8)机械作业时,操作人员不得擅自离开工作岗位或将机械交给非机械操作人员进行操作。严禁无关人员进入作业区或操作室内。工作时注意力要集中,严禁酒后操作。

2. 操作前的安全准备

(1)环境检查,不论在车间,还是在室外现场操作,材料工具和其他物品都要有秩序地安放,生产作业周围要有足够的空地,并保持整洁,以避免在操作或吊运时碰撞,造成安全事故。

(2)施工现场,若动用明火时,必须注意周围有无易燃易爆物品;若登高作业时,必须查看踏脚、吊板等是否安全牢靠。施工及操作人员对安全生产注意事项、工艺制作顺序、操作要领等必须充分熟悉与了解;安全规程和安全措施,必须人人遵守执行。

(3)工具与设备使用前要进行检查。对各种工具如夹紧哈夫螺丝、千斤顶、葫芦吊等,应事先进行可靠性检查;对机械设备应先行试开机器,检查各部位运转是否正常等,必须做到预防在先。

(4)共同操作的注意事项:两人或多人共同操作时,必须做到相互配合一致,老工人要照顾新工人,必须听从一人统一指挥,其他人不可随便发出指令,以避免因指令混乱,造成工伤或质量事故。

3. 操作时的安全要求

(1)加强安全教育,严格执行安全操作规程;必须充分利用以及用好劳动防护用品与工具。任何人不得随便拆除防护标志和装置。

(2)在狭小地方进行作业,或远离现场施工时,至少要有两人共同配合,防止发生意外。

(3)吊运工件或材料时,必须正确把握好构件重心,散装的构件要扎紧捆好,现场工人不得站立在吊运构件的下面,以免发生意外事故。

4. 操作后的安全检查

(1)施工结束后,必须对机械设备擦洗清理,进行保养,将有关部位涂上润滑油。

(2)对工具必须清点、整理收藏好;对材料应按规格分类堆放好等。

(3)文明生产,人人有责。施工结束后,要及时做好现场的打扫整理。

5. 用电安全常识

安全电压:人体不穿戴任何防护设备而接触带电体,对人无危险,这时带电体的电压叫安全电压。

人体皮肤的电阻约为1 200 Ω,通过人体的安全电流为0.01 A,根据欧姆定律:$U = IR = 0.01 \times 1\,200 = 12$ V,故12 V就视为安全电压。目前我国规定12 V、24 V、36 V均为安全电压。

6. 常用电器设备安全要求

(1)电动机:按使用环境选择电动机形式,如潮湿多扬尘场地,应采用封闭式电动机;在易燃、易爆危险性场地,应采用防爆式电动机。电动机在使用前,应检查接线是否正常、外壳有无带电、启动时有无火花发生等,并要注意保护外壳的整洁。

(2)照明设备:车间与施工现场的照明设备必须有防护罩或防雨罩,防止损坏与漏电。操作人员使用的照明电压、信号灯电压等均不得大于36 V。

(3)电动工具:对电钻、电锯及电焊机等一切电动工具与带电设备,都应有良好的接地装置,并根据电气操作规程做到脚穿胶底鞋,手戴橡胶手套,以防触电。在操作结束后,必须切断电源。

二、钢结构焊接安全卫生管理

1. 对焊接工作场地的要求

焊接工作场地应符合下列要求:须备有防火设备,如砂箱、灭火器、消防栓、水桶等;易燃物品距焊接场所至少15 m,若无法满足规定的距离时,可用石棉板、石棉布等遮盖妥善,防止火星落入;易爆物品距焊接场所至少10 m;电源、焊机伸出箱外的接线端要用保护罩盖好。电源线应设在人体不易触及的地方,长度一般不要超过2～3 m,而且不应拖在地上;电焊机和线路的带电体,对地、对外壳、相与相、线与线之间都必须有良好的绝缘。

2. 焊工个人保护措施

为了防止电焊弧光对眼睛、皮肤的伤害,电焊工必须戴好符合要求的面罩、手套,穿好工作服、工作鞋。面罩里护目镜片的性能及用途见表1.47,用具的种类及用途见表1.48。

表1.47 国产护目镜的玻璃牌号及用途

玻璃牌号	颜色深浅	用途
12	最暗的	供大电流使用,350 A 以上
11	中等的	供中等电流使用,100 ~ 350 A
10	最浅的	供小电流使用,100 A 以下

表1.48 个人保护措施的种类及用途

保护用具	用途
保护眼镜	在电焊、气割、点焊渣、电阻焊时,用来保护眼睛不受强光及射线伤害
头盔、面罩	在电弧焊、等离子焊、等离子切割、碳弧气刨时,用来保护眼、鼻、口及面部等不受强光及射线伤害
口罩	在电弧焊及打磨焊缝、碳弧气刨、等离子焊、等离子切割时,保护口腔、鼻腔吸入灰尘
护耳器	在风铲清根、等离子切割时,降低噪声,保护耳膜
通风头盔	在封闭容器内焊接、切割、气刨时,对眼、鼻、口、颈、胸及面部起保护作用
工作服	在电弧焊、等离子焊、等离子切割时,保护躯干和四肢
工作帽、毛巾	在电弧焊、等离子弧焊、等离子切割、碳弧气刨时,防止飞溅、火星掉在头发和脖颈内
手套、绝缘鞋和鞋盖	防止焊接、切割时触电及灼伤

3. 对有害气体的防护

对焊接工作区域的有害气体、粉尘等的浓度要求不超出卫生标准的规定,见表1.49。

表 1.49　焊工呼吸区内有害物质的允许浓度

编号	物质名称	允许浓度/(mg/m^3)	编号	物质名称	允许浓度/(mg/m^3)
1	锰及其化合物(以锰计)	0.3	8	光气	0.5
2	铝及其无机化合物	0.01	9	无毒灰尘	10
3	氧化锌	7	10	含 50% 以上石英粉末的无毒灰尘	2
4	氮的氧化物(以五氧化二氮计)	5	11	磷化氢	0.3
5	氟化氢	1	12	铬尘	0.1
6	铝尘	2	13	臭氧	0.2
7	一氧化碳	30			

对有害气体、粉尘等的防护应从下列几个方面采取有效措施:研制低尘低毒的焊接材料;选择合理的先进的焊接工艺;加强施工作业区的通风措施,见表 1.50;做好焊工的个人防护。

表 1.50　通风措施的种类及用途

种类	特点及用途
排烟罩	设备简单,易于实行,采用广泛
排烟焊枪	灵活轻便,不占地面,可随焊枪移动
轻便小型风机	适用于环缝自动焊
气力引射器	适用于舱室或封闭箱梁内焊接排烟

4. 氧气瓶在运输、存放和使用时的安全要求

氧气瓶在运输、存放和使用时的安全要求见表 1.51。

表 1.51　氧气瓶在运输、存放和使用时的安全要求

过程	安全要求
运输氧气瓶时	1. 拧紧安全帽 2. 运输过程中应避免碰撞 3. 轻装轻卸,避免剧烈震动和冲击,以防气体膨胀爆炸 4. 易燃品、油脂和带有油污的物品,不应与氧气瓶同时运输 5. 夏季要防止曝晒
存放氧气瓶时	1. 存放氧气瓶的仓库应当是单层、轻质、二级耐火材料的屋顶。10 m 内禁止堆放易燃易爆物品 2. 氧气瓶仓库内不得存放油脂和易燃、易爆物品。氧气瓶应距离热源 1 m 以上 3. 氧气瓶在仓库内放置要整齐,氧气瓶要直立并有栏杆或支架固定,以防倾倒 4. 氧气瓶存放时应旋上瓶帽,以免碰坏阀门和防止油脂、灰尘侵入气瓶口内

表1.51(续)

过程	安全要求
氧气瓶使用时	1. 在装减压器之前,将气瓶阀门慢慢打开(防止产生静电火花),吹掉接口内外的灰尘,装上减压器,拧好连接螺纹,然后再打开阀门,检查是否漏气,是否畅通。操作时,人要站在接口的侧面,不要正对接口,以防受伤 2. 检查皮管接头是否有灰尘和金属屑,然后才能连接,皮管取下后不能仰天放,也不能放在地面上,以防灰尘和金属屑掉进去 3. 操作场地要远离易燃、易爆物品,氧气瓶要离操作场地和其他明火10 m以上。夏季室外作业,氧气瓶不要让太阳直晒 4. 操作人员绝对不能用沾有油污的手套、工作服和工具去接触氧气瓶及其附件 5. 瓶内氧气不能完全用完,要留有1~1.5个大气压,以便充气时检查和防止进杂气

5. 高空焊接的安全要求

(1)必须使用标准的安全带,并将安全带系紧牢靠。

(2)使用符合要求的梯子,搭好跳板及脚手架。

(3)在攀登爬高时,必须先用手试一下攀登物是否牢固。

(4)高空作业,手把软线要绑紧在固定地点,不应缠在身上或搭在肩上。

(5)高空作业的下方,火星所及的地面上,应彻底清除易燃物和易爆物。

(6)高空作业地点接近高压线或裸导线时,必须停电或采取防止触电的措施。

(7)高空作业时,不应使用高频引弧器。

(8)患有高血压、心脏病等及饮酒后的焊工,不应从事高空作业。

(9)高空作业时,要设监护人,密切注意焊工动态,电源开关应设在监护人近旁,遇有危险立即拉闸,并进行营救。

工程案例

H型钢的加工方案及技术措施

(工程选自某市体育中心游泳馆钢结构工程H型钢的制作)

一、材料的选用

本工程H型钢优先选用大型钢铁企业生产的成品H型钢,当工程选用的H型钢规格型号不在国标范围内时,进行工厂加工。

1. 钢材

根据设计及招标文件要求,本制作项目的钢材选用国内大型厂家生产的板材。

钢材进厂时，必须提供符合设计要求的材质证明文件和出厂合格证，并按要求进行抽检复验，经检查合格后，方可投入使用。

2. 焊接材料

焊接材料必须选用通过相应国际质量体系认证，具有供应类似规模钢结构工程材料业绩的材料供应商生产的焊条、焊丝和焊剂。所有的焊接材料均要求有质检部门的质检报告和出厂合格证。

二、H 型梁的制作以及精度控制

针对焊接 H 型梁结构特点，并结合我厂生产实际情况，确定制作流程，拱形刚架焊接 H 形截面需在专用的胎架上进行组立焊接。

1. 放样下料

H 型梁板材应经进厂复检，并经检查满足设计及规范要求后方可使用。放样下料应以保证加工质量和节约材料为目的。为保证 H 型梁翼缘板和腹板的下料质量，采取整体板材拼接。拼接的焊缝进行 100% 超声波检查，按一级质量等级，Ⅱ级评定，合格后备案使用。各施工过程如钢板下料切割、H 型钢组合、各部件和零件的组装、构件预拼件组装都需有专业放样工在加工面和组装大样板上进行精确放样。放样后须经检验员检验，以确保零件、部件、构件加工的几何尺寸、形位分差、角度、安装接触面等的准确无误。

2. 下料切割（含坡口）

切割前应用矫正机对钢板或型材进行矫正。对焊接钢板或 H 型钢还必须进行检验和探伤，确认合格后才准切割。加工的要求应按公司内控标准检验切割面、几何尺寸、形状公差、切口截面、飞溅物等，检验合格后进行合理堆放，标记合格标识和零件编号。下料切割的主要精度要求见表 1.52。

表 1.52　下料切割允许偏差

项目	允许偏差
宽度和长度	±3.0 mm
边缘缺棱	不大于 1.0 mm
垂直度	不大于板厚的 5% 且不大于 2.0 mm
型钢端部倾斜值	不大于 2.0 mm
坡口角度	不大于 ±5°

为保证切割板材的边缘质量，同时使切割的板材两边受热均匀，不产生难以修复的侧向弯曲，应采用数控多头等离子火焰切割机，使板的两边同时切割下料，如图 1.62 所示。

H 型梁翼缘及腹板下料长度的确定以图纸尺寸为基础，根据梁截面大小和连接焊缝的长度，考虑预留焊接的收缩余量和加工余量并结合以往施工经验，四条纵焊缝按每 1 m 沿长度方向收缩 0.6 mm，每对加劲板和每对加强圈各按 0.3 mm 收缩考虑,因此一般梁翼缘及腹板下料长度的预留量为50 mm。同时,翼缘板的一端在下料切割时应加工成图纸要求的坡口形式,便于装配H型梁时以此端为基准,减少装配后的二次切割工作量,也有利于质量控制。

图1.62　钢板下料切割图

3. H型梁的组立

组立主要是指H型梁埋弧焊前的点焊定位固定,一般在H型钢梁自动生产线的自动组立机上进行,如图1.63所示。

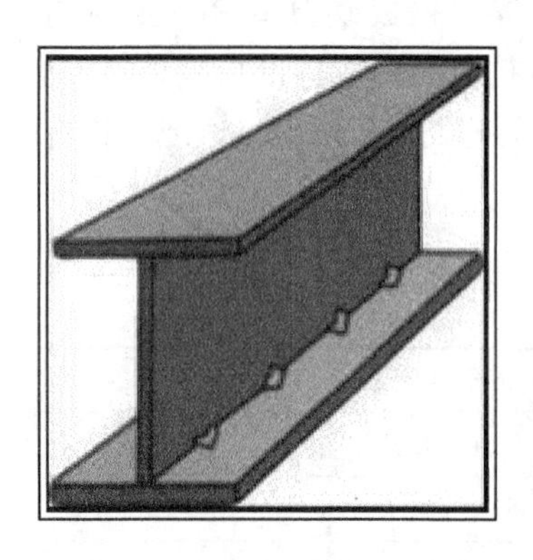

图1.63　H型梁组立示意图

组立前切割完成的板材应经质检人员全面检查,符合设计加工图纸要求及规范规定后,对翼缘板和腹板去除毛刺、割渣,并应进行矫正,由放样人员画出中心线、定位线,检验合格后才准上组立机,利用专用的H型梁组装胎具,进行组立点焊固定。H型梁的组装以基准端(已开坡口处)为始点进行,并由专职焊工点焊固定。

采用的焊接材料型号与焊件材质应相互匹配,焊缝厚度不宜超过设计焊缝厚度的2/3,且不应大于5 cm。焊缝长度不宜小于25 mm,焊缝间距保持在300 ~ 400 mm范围内。H型梁组装允许偏差见表1.53。

表 1.53　焊接 H 型梁组装允许偏差　（单位:mm）

项目	允许偏差	图例
截面高度 h	±3.0	
截面宽度 b	±3.0	
腹板中心偏移 s	2.0	
翼缘垂直度 Δ	b/100 且不大于 2.0	

4. 埋弧自动焊接组装

埋弧焊主要是对 H 型梁组装焊接，对本工程的 H 型梁的埋弧焊为一般美国进口的 H 型钢自动生产线制作，或采用门式埋弧焊机电焊。埋弧焊时必须根据钢板的厚度和品种按工艺文件要求采用相应的焊丝、电流、电压以及焊接速度，同时必须注意焊剂质量，特别是焊剂干燥度。H 型钢焊后应进行矫正。

对于 H 型梁由于设计有起拱要求，而且规范规定不允许下挠，因此如何做到梁不下挠，是 H 型梁制作的一个重要要求。根据我公司以往加工 H 型梁的经验，采取控制 H 型梁四条纵焊缝的焊接顺序，用焊接收缩的先后次序使梁轻微上挠。让先焊的翼板为安装时的上翼缘板，其焊接顺序如图 1.64 所示。

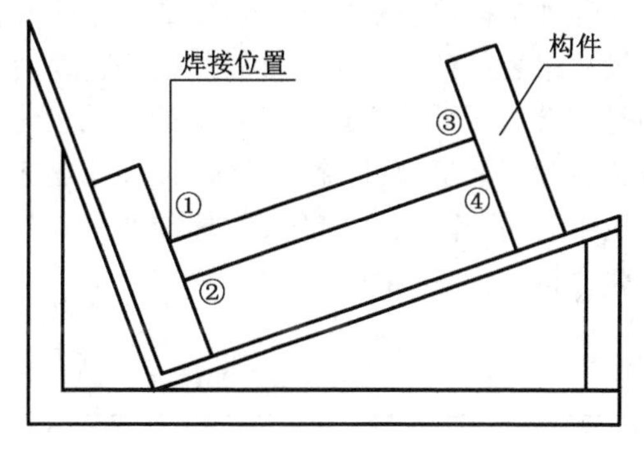

图 1.64　焊接顺序图

5. 焊接 H 型梁的矫正及二次装配

焊接完成后的 H 型梁，由于焊缝收缩常常引起翼缘板弯曲甚至整体扭曲，因此必须通过翼缘矫正机进行矫正，对局部波浪变形和弯曲变形采取机械矫正或火焰矫正法处理。H 型梁的矫正一般在 H 型钢生产线的矫正机上矫正。矫正工作的环境温度不应低于 0 ℃，可采用逐级矫正方式实施矫正，以保证翼缘板表面不出现严重损伤，角焊缝不发生裂纹。如果必须采用火焰矫正时应控制好加热温度，避免出现母材损伤。加热温度不得超过 900 ℃，并采用三角形加热法，根据 H 型梁弯曲的程度，确定加热三角形的大小和个数。同一部位加热矫正不得超过两次；矫正后应缓冷，不得用水骤冷。矫正后的 H 型梁应满足表 1.54 的要求。

表1.54　成品H型梁允许偏差值　(单位:mm)

项目	允许偏差	图例
截面高度 h	±3.0	
截面宽度 b	±3.0	
腹板中心偏移 e	2.0	
翼缘板垂直度 Δ	b/100,3.0	
侧向弯曲矢高 f	L/1 000 5.0	
扭曲	h/250,5.0	

6. 锁口和端头加工

本工程的柱与梁、梁与梁选用焊接和高强螺栓连接,待H型钢加工及检验合格后,应采用在端铣机上进行端头铣平加工,加工时应保证尺寸准确。之后在锁口机上进行锁口处理。

7. 构件组装

经加工检验合格的H型梁,要整齐摆放在经测量找平的组装平台上,根据图纸尺寸组装加劲板。H型梁加劲板组装焊接完成后,经过二次修整合格,以组装时的基准端按图纸尺寸画出梁两端的高强度螺栓孔位置线,将孔位检查线和端面铣位置线标注清楚,并打生样冲眼,以便于施工和检查。H型梁端坡口二次切割时,采用半自动切割机。切割质量标准列于表1.55,超差部位应补焊,并用角向磨光机修整合格。

表1.55　气切坡口允许偏差

项目	允许偏差
切割面平面度	0.05t 且不大于2.0 mm
割纹深度	0.3 mm
局部缺口宽度	1.0 mm
坡口角度 α	±5°
钝边尺寸 P	±1 mm

8. 组装件手工焊接

构件组装件采用林肯焊机CO_2气体保护焊、手工焊接,公司焊接人员均按规定考核持证上岗,现公司所有电焊(包括埋弧焊、气体焊、电弧焊)的焊缝也均须打上焊工的钢印号码,焊接后由检验人员进行外观检验和超声波探伤检验,合格后标上合格标志。一般构件的加工质量要求详见表1.56。

表 1.56　H 型梁加工质量要求　（单位：mm）

项目	允许偏差
弯曲矢高	L/1 000，且不大于 10.0
扭曲	H/250，且不应大于 5.0
局部平面度	2.0
腹板中心偏移	2
加劲板、定位板位移	2

9. 制孔

钢结构的零件钻孔采用万向摇钻进行精密机械钻孔，部件、构件采用数控三维钻（图 1.65）或三轴数控平面钻床加画线和模板进行钻孔。为了确保钻孔精度和质量，采用模钻时均须由放样工放样画线画出基准轴线和孔中心线，采用数控钻的首次加工品均应经检验员首检合格后才准批量钻孔，零件、部件、构件钻孔后均须检验员检验合格后做上合格标识才准转序。

图 1.65　数控三维锯钻

端面铣加工合格的 H 型梁，放置钻孔平台上，以铣平端为基准，并以梁中心线、孔位置线为依据，夹紧固定钻孔模具。根据以往施工经验，实际钻孔直径均大于设计要求一个级别。螺栓孔一般均为双排多孔分布，稍有不慎会造成整个孔位偏移超差，修复困难。因此，本工程 H 型梁钻孔采取如下办法：

（1）钻孔前须经二人互相检查选用模具的正确性。

（2）钻孔过程中经常检查模具紧固情况。

（3）钻孔常采用多班作业，每班安排专人检查模具磨损情况，随时更换不合格模具。

（4）每班安排专人修整钻孔毛刺。

10. 矫正

矫正工作贯穿 H 型梁制作的整个过程，从下料前到下料、埋弧焊、组装手工焊等均应矫正，确保构件的尺寸、质量、形状满足规范要求。矫正的方法主要有钢板矫平、H型钢自动生产线的矫正机自动矫正、全液压自动控制的H型钢矫正机矫正(图1.66),有必要时也可以采用火焰矫正等。

(a) 钢板矫平机

(b) 重型H型钢翼缘矫正机

图1.66 矫正设备

课后巩固

1. 用覆盖过样法,将下面的结构实样进行过样,并且制作过样样板。

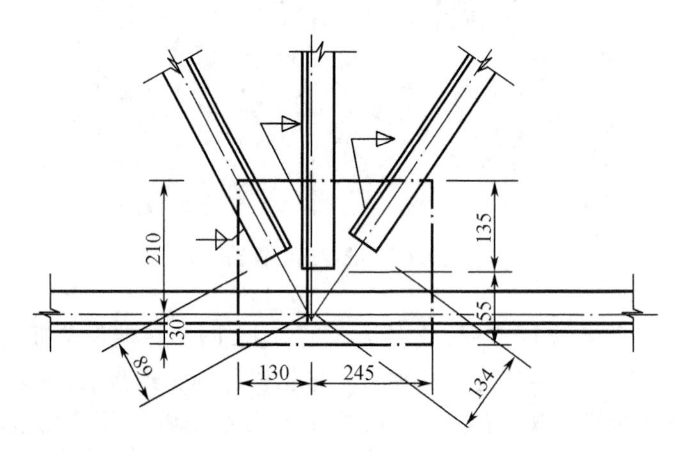

2. 试写出H型钢的制作工艺?
3. 剪切的方法主要有哪些?
4. 制孔的方法主要有哪些?
5. 钢材如何进行矫正?
6. 钢结构零部件在加工过程中,如何控制其精度?

下篇　钢结构现场安装施工

概　　述

建筑钢结构近年来在我国得到蓬勃的发展,体现了钢结构的建筑方面的综合效益,从一般钢结构发展到高层和超高层结构,大跨度空间钢结构——网架、网壳、悬索即杂交空间结构、张力膜结构、预应力钢结构、钢-混凝土组合结构、轻型钢结构等。

从材料、制作、安装到成品,对不同的结构都有不同的要求,就安装方法而言如何科学地根据多种因素在质量优良、安全生产、成本低廉方面,采取最优方案是技术专家和经济学家最关心的问题,也是直接关系到百年大计、人命安全的大事。

安装方法多,安装施工单位更多。因此,非常有必要在总结经验的基础上,更上一层楼,使钢结构安装技术得到健康、快速发展。本篇以钢结构安装流程为主线来实施教学,学生需要完成四个任务单的工作:

任务 2.1　单层钢结构的安装

任务 2.2　多层及高层钢结构的安装

任务 2.3　钢网架结构的安装

任务 2.4　压型金属板的安装

其中,单层钢结构的安装主要采用的是门式刚架。通过本篇的学习,使学生能够熟悉并掌握钢结构安装工艺流程,掌握单层钢结构安装技术、多层及高层钢结构安装技术、钢网架安装技术、压型金属板安装技术。培养学生安全施工意识,以及分析问题、编制工艺文件的能力,使其具有独立自主学习新技术的能力。

任务 2.1　单层钢结构的安装

【学习任务单】

学习领域	钢结构制作与安装	
下篇	钢结构现场安装施工	学时
学习任务 2.1	单层钢结构的安装	4
学习目标	1. 知识目标 (1)掌握构件的吊装工艺 (2)掌握单层钢结构的安装方法 (3)了解预制构件的平面布置 2. 能力目标 (1)能正确根据相关要求选择单层钢结构安装需要的起重机型号 (2)能够在仿真软件上进行单层钢结构的安装作业 3. 素质目标 (1)培养学生严谨认真的工作态度 (2)培养学生具有安全吊装作业意识 (3)培养学生具有团队协作意识	
学习资源	教材、多媒体课件、教学动画、教学录像、任务单等	
学习要求	1. 认真进行课前预习,充分利用学习资源 2. 充分发挥团队合作精神,正确完成学习任务 3. 相互学习,相互借鉴,提高学习效率	

任务导学:门式刚架的安装

一、准备工作

准备工作主要有场地清理,道路修筑,基础准备、运输、排放、拼装加固、检查清理、弹线编号以及机械、机具的准备工作等。

1. 构件的检查与清理

检查构件截面尺寸、构件外观质量(变形、缺陷、损伤等)、构件的型号与数量、构件的混凝土强度、预埋件、预留孔的位置及质量等,并做相应清理工作。

门式刚架的安装(微课)

2. 构件的弹线与编号

柱子:在柱身三面弹出中心线(可弹两小面、一个大面),对工字形柱除在矩形截面部分弹出中心线外,为便于观察及避免视差,还需要在翼缘部分弹一条与中心线平行的线。

屋架:屋架上弦顶面上应弹出几何中心线,并将中心线延至屋架两端下部,再从跨度中央向两端分别弹出天窗架、屋面板的安装定位线。

吊车梁:在吊车梁的两端及顶面弹出安装中心线。

3. 混凝土杯形基础的准备工作

先检查杯口的尺寸,再在基础顶面弹出十字交叉的安装中心线,用红油漆画上三角形标志。为保证柱子安装之后牛腿面的标高符合设计要求,调整方法是先测出杯底实际标高(小柱测中间一点,大柱测四个角点)并求出牛腿面标高与杯底实际标高的差值 A,再量出柱子牛腿面至柱脚的实际长度 B,两者相减便可得出杯底标高调整值 $C(C=A-B)$,然后根据得出的杯底标高调整值用水泥砂浆或细石混凝土抹平至所需标高。杯底标高调整后要加以保护。

4. 构件运输

一些质量不大而数量较多的定型构件,如屋面板、连系梁、轻型吊车梁等,宜在预制厂预制,用汽车将构件运至施工现场。起吊运输时,必须保证构件的强度符合要求,吊点位置符合设计规定;构件支垫的位置要正确,数量要适当,每一构件的支垫数量一般不超过两个支承处,且上下层支垫应在同一垂线上。运输过程中,要确保构件不倾倒、不损坏、不变形。构件的运输顺序、堆放位置应按施工组织设计的要求和规定进行,以免增加构件的二次搬运。

轻型门式刚架的认识(微课)

二、构件的吊装工艺

装配式单层工业厂房的结构安装构件有柱子、吊车梁、基础梁、连系梁、屋架、天窗架、屋面板及支撑等。构件的吊装工艺包括绑扎、吊升、对位、临时固定、校正、最后固定等工序。

1. 柱子的吊装

(1)弹线

柱应在柱身的三个面弹出安装中心线、基础顶面线、地坪标高线。矩形截面柱安装中心线按几何中心线;工字形截面柱除在矩形部分弹出中心线外,为便于观测和避免视差,还应在翼缘部位弹一条与中心线平行的线。此外,在柱顶和牛腿顶面还要弹出屋架及吊车梁的安装中心线。

基础杯口顶面弹线要根据厂房的定位轴线测出,并应与柱的安装中心线相对应,以作为柱安装、对位和校正时的依据。

(2)杯底抄平

杯底抄平是对杯底标高进行的一次检查和调整,以保证柱吊装后牛腿顶面标高的准确。调整方法是:首先,测出杯底的实际标高 h_1,量出柱底至牛腿顶面的实际长度 h_2;然后,根据牛腿顶面的设计标高 h 与杯底实际标高 h_1 之差,可得柱底至牛腿顶面应有的长度 $h_3(h_3=h-h_1)$;第三,将其(h_3)与量得的实际长度(h_2)相比,得到施工误差即杯底标高应有的调整值 $\Delta h(\Delta h=h_3-h_2=h-h_1-h_2)$,并在杯口内标出;最后,施工时用1:2水泥砂浆或细石混凝土将杯底抹平至标志处。为使杯底标高调整值(Δh)为正值,柱基施工时,杯底标高控制值一般均要低于设计值50 mm。

例如,柱牛腿顶面设计标高 +7.80 m,杯底设计标高 −1.20 m,柱基施工时,杯底标高控制值取 −1.25 m,施工后,实测杯底标高为 −1.23 m,量得柱底至牛腿面的实际长度为9.01 m,则杯底标高调整值为 $\Delta h=h-h_1-h_2=7.80\ \text{m}+1.23\ \text{m}-$

9. 01 m = +0. 02 m。

(3)绑扎

柱的绑扎方法、绑扎位置和绑扎点数,应根据柱的形状、长度、截面、配筋、起吊方法和起重机性能等确定。常用的绑扎方法有:一点绑扎斜吊法,如图 2. 1 (a)所示;一点绑扎直吊法,如图 2. 1(b)所示;两点绑扎斜吊法,如图 2. 2(a)所示;两点绑扎直吊法,如图 2. 2(b)所示。

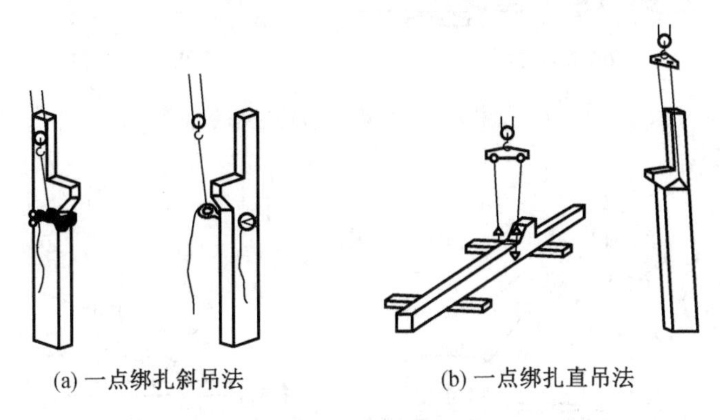

(a) 一点绑扎斜吊法　(b) 一点绑扎直吊法

图 2. 1　柱子一点绑扎法

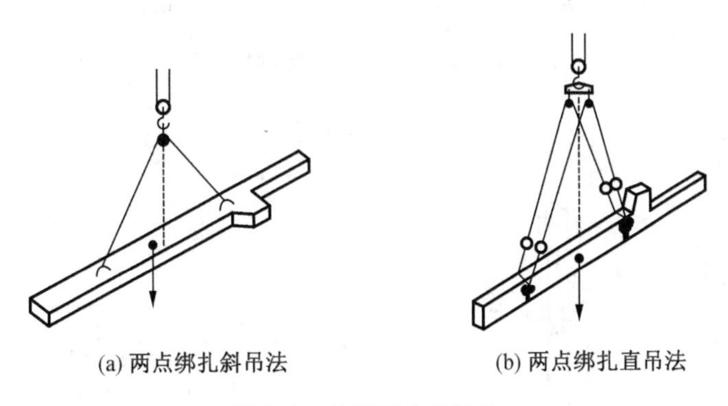

(a) 两点绑扎斜吊法　(b) 两点绑扎直吊法

图 2. 2　柱子两点绑扎法

(4)柱的吊升

两点起吊图片

①旋转法

采用旋转法吊装柱子时,柱的平面布置宜使柱脚靠近基础,柱的绑扎点、柱脚中心与基础中心三点宜位于起重机的同一起重半径的圆弧上,如图 2. 3 所示。

②滑行法

柱吊升时,起重机只升钩,起重臂不转动,使柱顶随起重钩的上升而上升,柱脚随柱顶的上升而滑行,直至柱子直立后,吊离地面,并旋转至基础杯口上方,插入杯口,如图 2. 4 所示。

(5)对位和临时固定

柱子对位是将柱子插入杯口并对准安装基准线的一道工序。

临时固定是用楔子等将已对位的柱子做临时性固定的一道工序,如图 2. 5 所示。

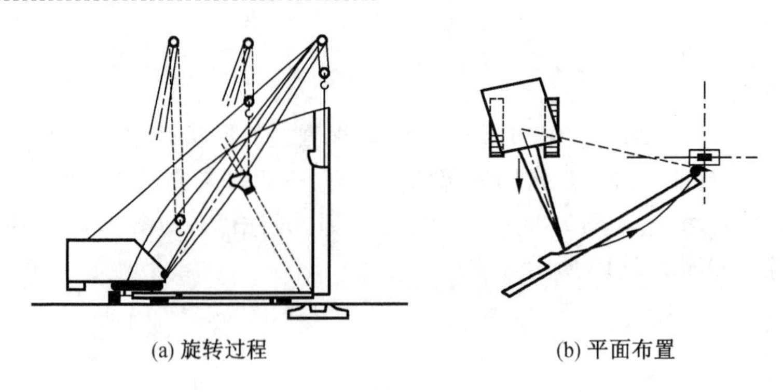

图2.3　旋转法吊装过程

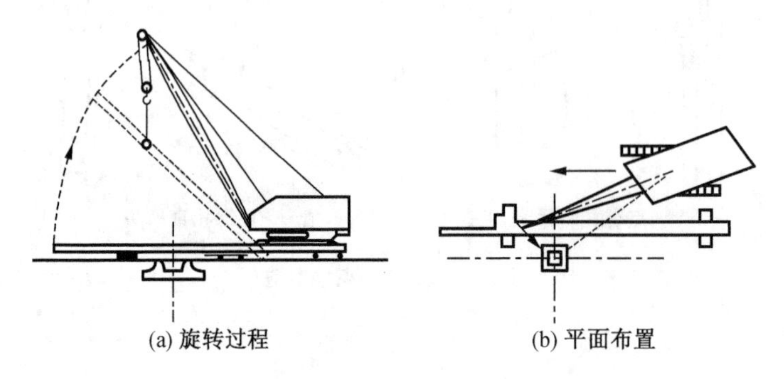

图2.4　滑行法吊装过程

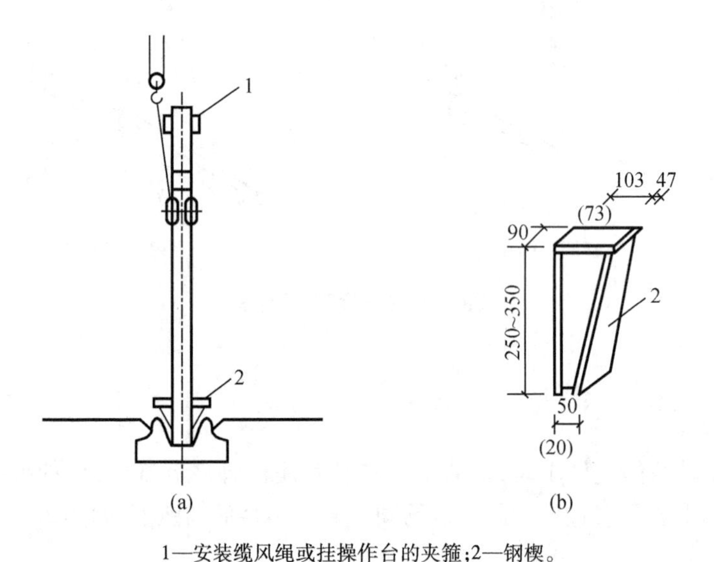

1—安装缆风绳或挂操作台的夹箍;2—钢楔。

图2.5　柱的对位与临时固定

(6)柱的校正

柱子校正是对已临时固定的柱子进行全面检查(平面位置、标高、垂直度等)及校正的一道工序。柱子校正包括平面位置、标高和垂直度的校正。对重型柱或偏斜值较大时则用千斤顶、缆风绳、钢管支撑等方法校正,如图2.6所示。

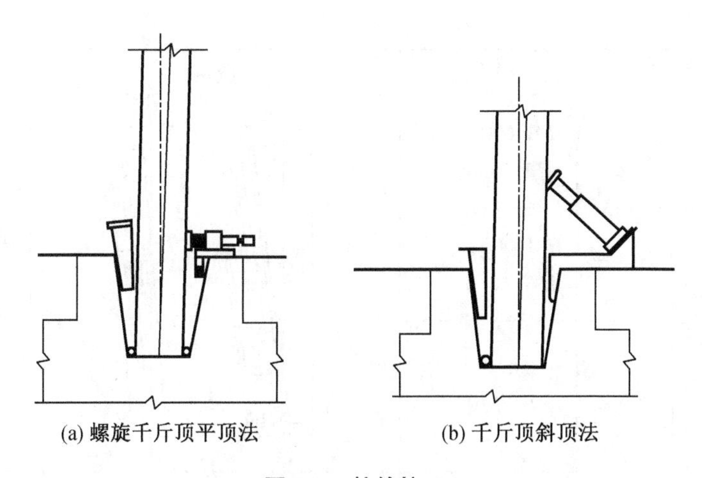

(a) 螺旋千斤顶平顶法　　(b) 千斤顶斜顶法

图 2.6　柱的校正

钢柱安装的允许偏差应符合表 2.1 所示的规定，按钢柱数抽查 10%，且不应少于 3 件。

表 2.1　钢柱安装的允许偏差　（单位：mm）

项目		允许偏差	图例	检验方法
柱脚底座中心线对定位轴线的偏移 Δ		5.0		用吊线和钢尺等实测
柱子定位轴线 Δ		1.0		—
柱基准点标高	有吊车梁的柱	+3.0 -5.0	基准点	用水准仪等实测
	无吊车梁的柱	+5.0 -8.0		
弯曲矢高		H/1 200，且不大于 15.0	—	用经纬仪或拉线和钢尺等实测

表 2.1(续)

项目			允许偏差	图例	检验方法
柱轴线垂直度	单层柱		H/1 000,且不大于25.0		用经纬仪或吊线和钢尺等实测
	多层柱	单节柱	H/1 000,且不大于10.0		
		柱全高	35.0		
钢柱安装偏差			3.0		用钢尺等实测
同一层柱的各柱顶高度差Δ			5.0		用全站仪、水准仪等实测

(7)柱子最后固定

柱子最后固定的方法是在柱脚与杯口之间浇筑细石混凝土,其强度等级应比原构件的混凝土强度等级提高一级。细石混凝土浇筑分两次进行,如图 2.7 所示。

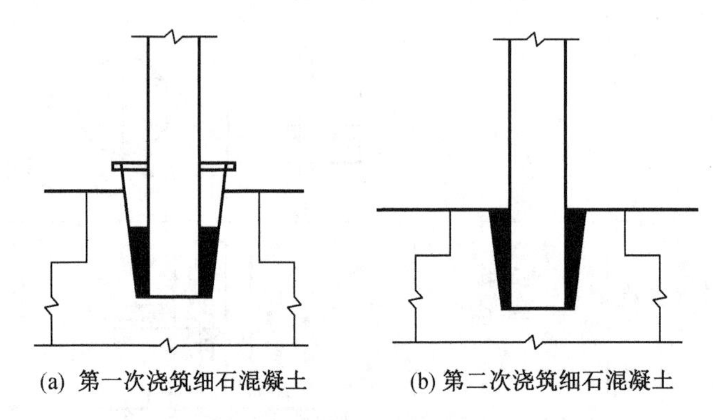

图 2.7 柱子最后固定

2. 吊车梁的吊装

(1)绑扎、吊升、对位和临时固定

吊车梁绑扎时,两根吊索要等长,绑扎点对称设置,吊钩对准梁的重心,以使吊车梁起吊后能基本保持水平,如图 2.8 所示。

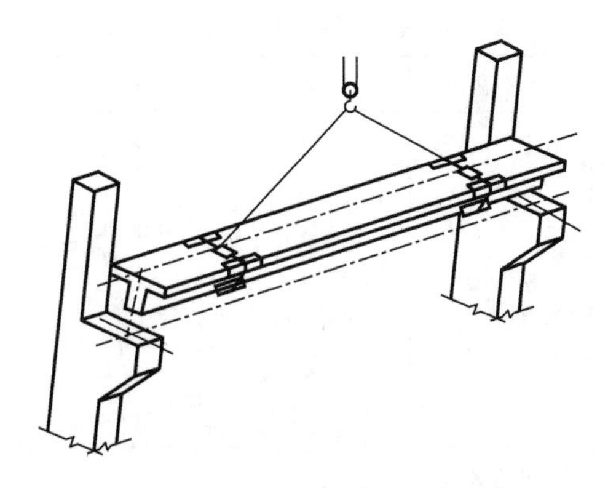

图 2.8　吊车梁的吊装

(2)校正及最后固定

吊车梁的校正主要包括标高校正、垂直度校正和平面位置校正等。吊车梁的标高主要取决于柱子牛腿的标高。平面位置的校正主要包括直线度和两吊车梁之间的跨距。吊车梁直线度的检查校正方法有通线法(图 2.9)、平移轴线法(图 2.10)、边吊边校法等。

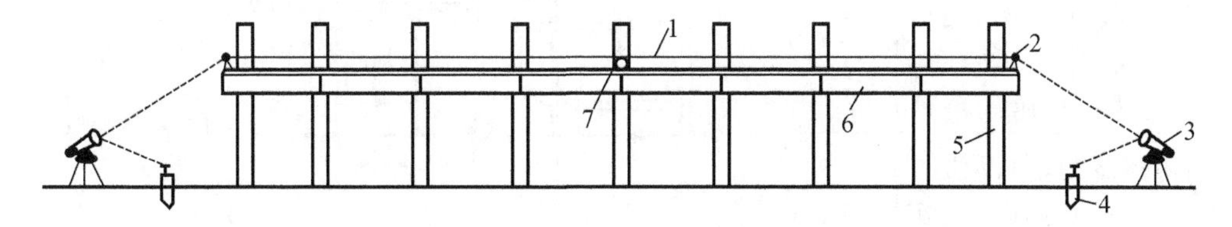

1—通线;2—支架;3—经纬仪;4—木桩;5—柱;6—吊车梁;7—圆钢。

图 2.9　通线法校正吊车梁示意图

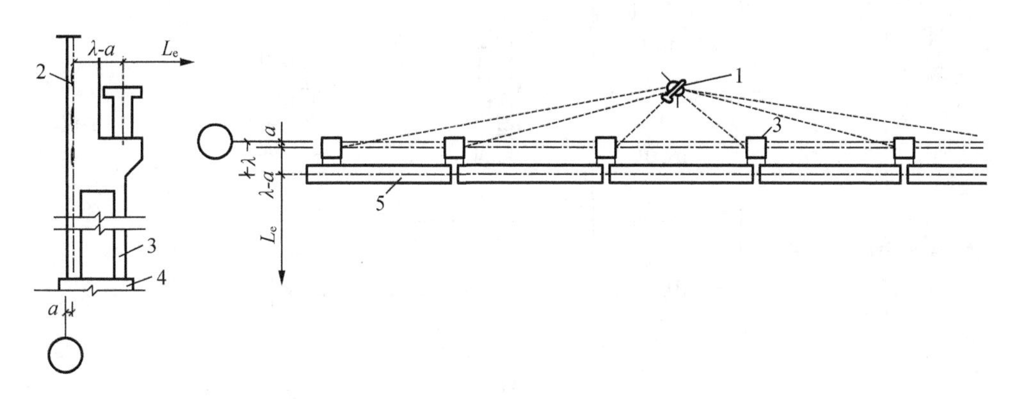

1—经纬仪;2—标志;3—柱;4—柱基础;5—吊车梁。

图 2.10　平移轴线法校正吊车梁

重型吊车梁校正时撬动困难,可在吊装吊车梁时借助于起重机,采用边吊装边校正的方法。

钢吊车梁或直接承受动力荷载的类似构件,其安装的允许偏差应符合表 2.2 的规定,按钢吊车梁数抽查 10% ,且不应少于 3 榀。

表 2.2　钢吊车梁安装的允许偏差　(单位:mm)

<table>
<tr><th colspan="2">项目</th><th>允许偏差</th><th>图例</th><th>检验方法</th></tr>
<tr><td colspan="2">梁的跨中垂直度 Δ</td><td>$h/500$</td><td> 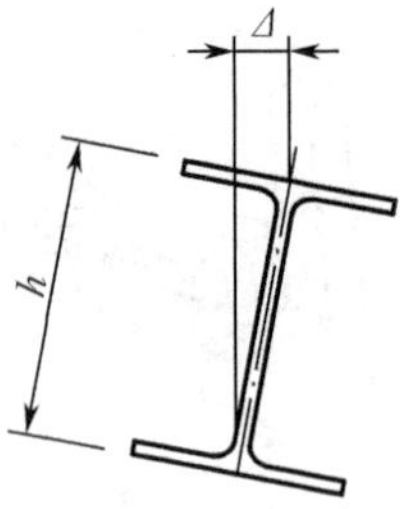</td><td>用吊线和钢尺检查</td></tr>
<tr><td colspan="2">侧向弯曲矢高</td><td>$l/1\,500$,且不大于 10.0</td><td rowspan="2">—</td><td rowspan="4">用拉线和钢尺检查</td></tr>
<tr><td colspan="2">垂直上拱矢高</td><td>10.0</td></tr>
<tr><td rowspan="2">两端支座中心位移 Δ</td><td>安装在钢柱上时,对牛腿中心的偏移</td><td>5.0</td><td rowspan="3"> 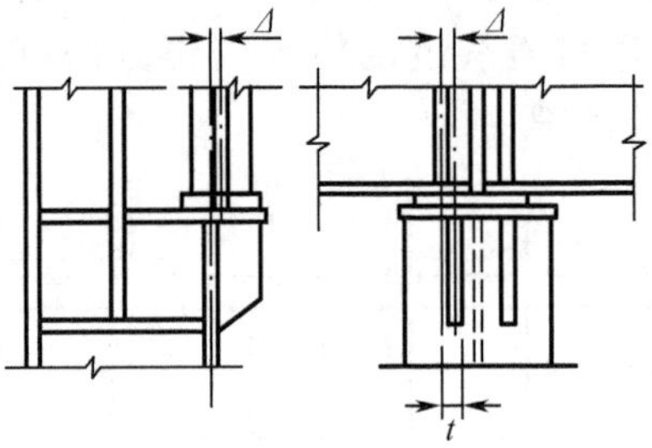</td></tr>
<tr><td>安装在混凝土柱上时,对定位轴线的偏移</td><td>5.0</td></tr>
<tr><td colspan="2">吊车梁支座加劲肋中心与柱子承压加劲板中心的偏移 Δ_1</td><td>$t/2$</td><td>用吊线和钢尺检查</td></tr>
<tr><td rowspan="2">同跨间内同一横截面吊车梁顶面高差 Δ</td><td>支座处</td><td>$l/1\,000$,且不大于 10.0</td><td rowspan="2"> 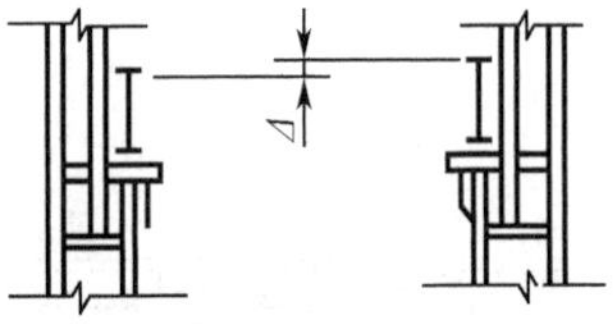</td><td rowspan="3">用经纬仪、水准仪和钢尺检查</td></tr>
<tr><td>其他处</td><td>15.0</td></tr>
<tr><td colspan="2">同跨间内同一横截面下挂式吊车梁底面高差 Δ</td><td>10.0</td><td> 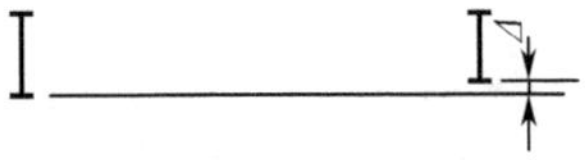</td></tr>
<tr><td colspan="2">同列相邻两柱间吊车梁顶面高差 Δ</td><td>$l/1\,500$,且不大于 10.0</td><td> 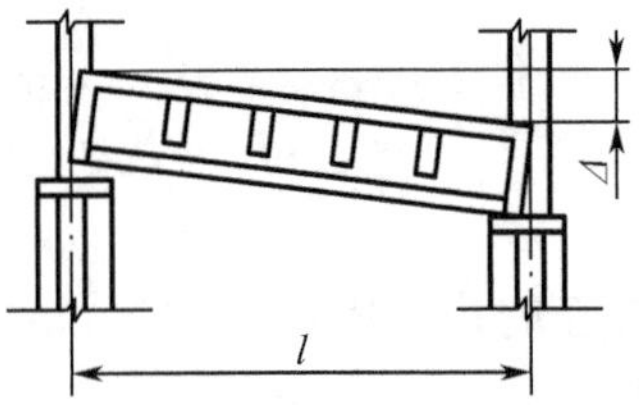</td><td>用水准仪和钢尺检查</td></tr>
</table>

表 2.2(续)

项目		允许偏差	图例	检验方法
相邻两吊车梁接头部位 Δ	中心错位	3.0		用钢尺检查
	上承式顶面高差	1.0		
	下承式底面高差	1.0		
同跨间任意一截面的吊车梁中心跨距 Δ		±10.0		用经纬仪和光电测距仪检查；跨度小时，可用钢尺检查
轨道中心对吊车梁腹板轴线的偏移 Δ		$t/2$		用吊线和钢尺检查

吊车梁的最后固定，是在吊车梁校正完毕后，用连接钢板等与柱侧面、吊车梁顶端的预埋铁相焊接，并在接头处支模浇筑细石混凝土。

3. 屋架的吊装

(1)屋架绑扎

屋架的绑扎点应选在上弦节点处，左右对称，绑扎中心(即各支吊索的合力作用点)必须高于屋架重心，使屋架起吊后基本保持水平，不晃动、不倾翻。吊索与水平线的夹角不宜小于45°，以免屋架承受过大的横向压力，必要时可采用横吊梁。屋架的绑扎如图2.11所示。

(2)屋架的扶直与排放

屋架扶直时应采取必要的保护措施，必要时要进行验算。屋架扶直有正向扶直和反向扶直两种方法。正向扶直如图2.12(a)所示；反向扶直如图2.12(b)所示。屋架扶直之后，立即排放就位，一般靠柱边斜向排放，或以3～5榀为一组平行于柱边纵向排放。

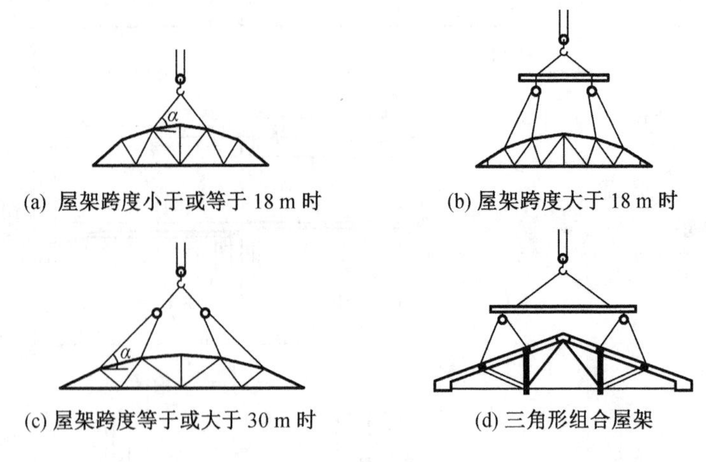

(a) 屋架跨度小于或等于 18 m 时　(b) 屋架跨度大于 18 m 时

(c) 屋架跨度等于或大于 30 m 时　(d) 三角形组合屋架

图 2.11　屋架的绑扎

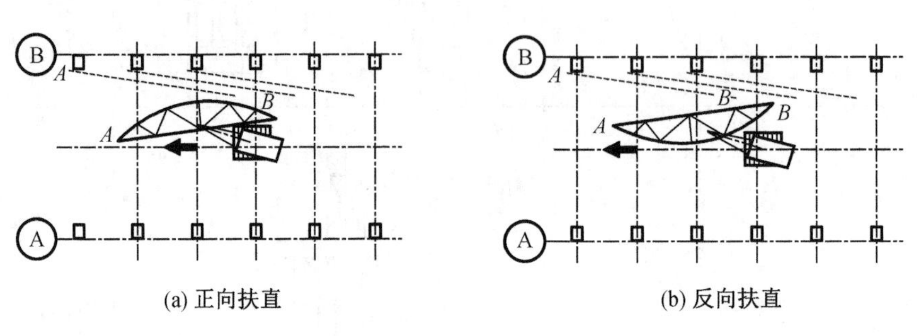

(a) 正向扶直　(b) 反向扶直

图 2.12　屋架的扶直

(3)屋架的吊升、对位与临时固定

屋架的吊升是将屋架吊离地面约 300 mm,然后将屋架转至安装位置下方,再将屋架吊升至柱顶上方约 300 mm 后,缓缓放至柱顶进行对位。屋架对位应以建筑物的定位轴线为准。屋架对位后立即进行临时固定。工具式支撑的构造如图 2.13 所示。

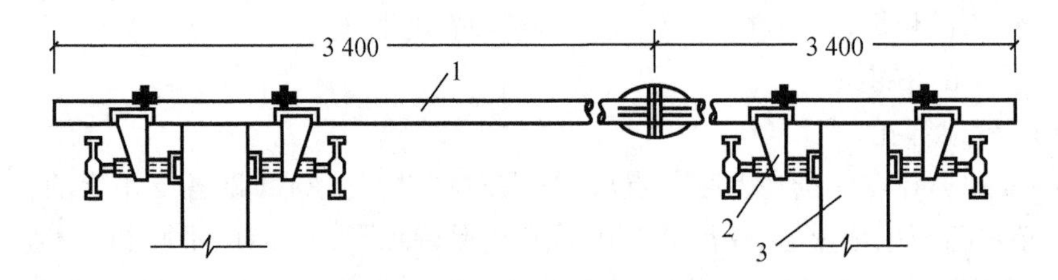

1—钢管;2—撑脚;3—屋架上弦。

图 2.13　工具式支撑的构造

(4)屋架的校正及最后固定

屋架垂直度的检查与校正方法是在屋架上弦安装三个卡尺,一个安装在屋架上弦中点附近,另两个安装在屋架两端。屋架垂直度的校正可通过转动工具式支撑的螺栓加以纠正,并垫入斜垫铁。屋架的临时固定与校正如图 2.14 所示。屋架校正后应立即电焊固定。

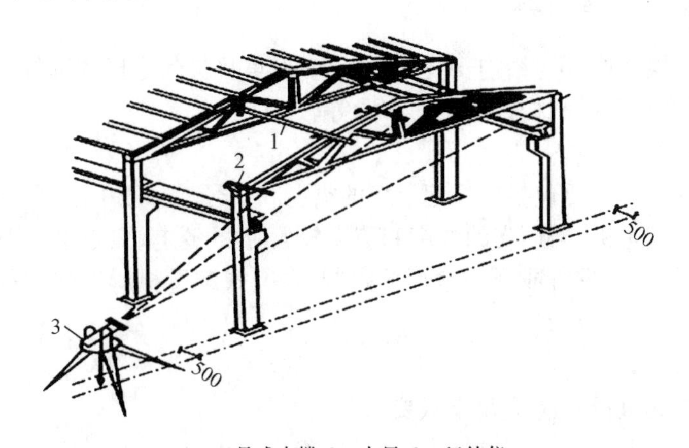

1—工具式支撑;2—卡尺;3—经纬仪。

图 2.14　屋架的临时固定与校正

钢屋架的垂直度和侧向弯曲矢高的允许偏差应符合表 2.3 的规定,检查按钢屋架数抽查 10%,且不应少于 3 个,用吊线、拉线、经纬仪和钢尺现场实测。

表 2.3　钢屋架(托架)、钢梁、钢桁架垂直度和侧向弯曲矢高的允许偏差

项目	允许偏差		图例
跨中的垂直度 Δ	$h/250$,且不大于 15.0 mm		1　1　Δ　h　1—1
侧向弯曲矢高 f	$l \leqslant 30$ m	$l/1\ 000$,且不大于 10.0 mm	f　l　f　l
	30 m $< l \leqslant 60$ m	$l/1\ 000$,且不大于 30.0 mm	
	$l > 60$ m	$l/1\ 000$,且不大于 50.0 mm	

4. 天窗架及屋面板的吊装

天窗架常采用单独吊装,也可与屋架拼装成整体同时吊装。天窗架单独吊装时,应待两侧屋面板安装后进行,最后固定的方法是用电焊将天窗架底脚焊牢于屋架上弦的预埋件上。屋面板的吊装一般采用一钩多块叠吊法或平吊法。吊装顺序应由两边檐口向屋脊对称进行。

三、钢结构安装方案

在拟定单层工业厂房结构安装方案时,应着重解决起重机的选择、结构安装方法、起重机的开行路线和构件的平面布置等。

1. 起重机的选择

起重机的选择主要包括选择起重机的类型和型号。一般中小型厂房多选择履带式等自行式起重机;当厂房的高度和跨度较大时,可选择塔式起重机吊装屋盖结构;在缺乏自行式起重机或受到地形的限制,自行式起重机难以到达的地方,可选择桅杆式起重机。

(1) 起重量

起重机的起重量 Q 应满足下式要求:

$$Q \geqslant Q_1 + Q_2$$

式中 Q_1——构件质量;

Q_2——索具质量。

(2)起重高度

起重机的起重高度必须满足所吊件的吊装高度要求,如图 2.15 所示。

$$H \geqslant h_1 + h_2 + h_3 + h_4$$

(3)起重半径(也称工作幅度)

当起重机可以不受限制地开到构件吊装位置附近吊装构件时,对起重半径没有要求。当起重机不能直接开到构件吊装位置附近去吊装构件时,就需要根据起重量、起重高度、起重半径三个参数,查阅起重机的性能表或性能曲线来选择起重机的型号及起重臂的长度。当起重机的起重臂需要跨过已安装好的结构构件去吊装构件时,为了避免起重臂与已安装的结构构件相碰,则需求出起重机的最小臂长及相应的起重半径。此时,可用数解法或图解法。

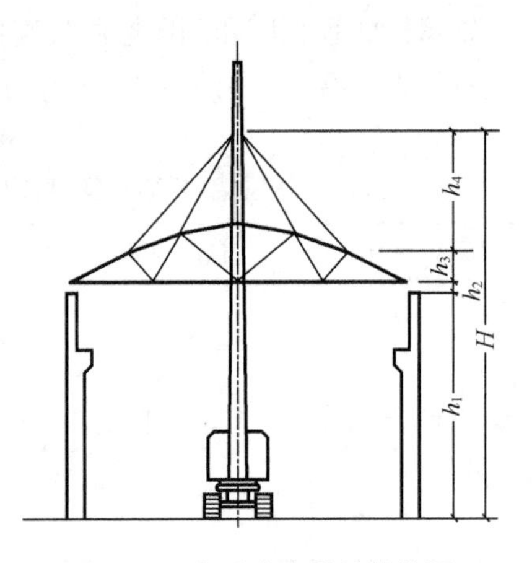

图 2.15 起重高度的计算简图

数解法求所需最小起重臂长(图 2.16(a))计算公式为

$$L \geqslant l_1 + l_2 = \frac{h}{\sin\alpha} + \frac{f+g}{\cos\alpha}$$

式中 L——起重臂的长度,m;

h——起重臂底铰至构件(如屋面板)吊装支座的高度,$h = h_1 - E$(其中,h_1 为停机面至构件(如屋面板)吊装支座的高度,m;E 为起重臂底铰至停机面的距离,m);

f——起重钩需跨过已安装结构构件的距离,m;

g——起重臂轴线与已安装构件间的水平距离,m;

α——起重臂的仰角,$\alpha = \arctan \sqrt[3]{\dfrac{h}{f+g}}$。

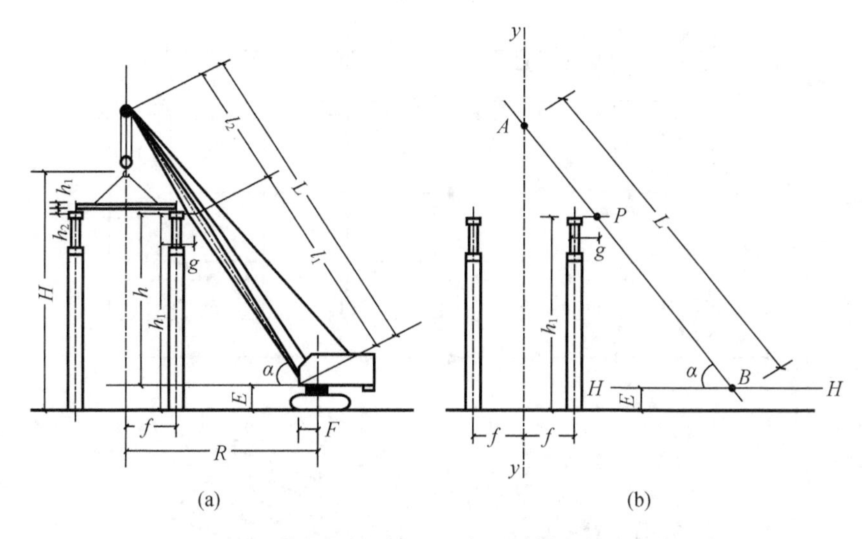

图 2.16　吊装屋面板时起重机起重臂最小长度计算简图

以求得的 α 角代入上式，即可求出起重臂的最小长度，据此可选择适当长度的起重臂，然后根据实际采用的起重臂及仰角 α 计算起重半径 R：$R = F + L\cos\alpha$。

根据计算出的起重半径 R 及已选定的起重臂长度 L，查起重机的性能表或性能曲线，复核起重量 Q 及起重高度 H，如能满足吊装要求，即可根据 R 值确定起重机吊装屋面板时的停机位置。

图解法求起重机的最小起重臂长度，如图 2.16(b)所示。

第一步选定合适的比例，绘制厂房一个节间的纵剖面图；绘制起重机吊装屋面板时吊钩位置处的垂线 y—y；根据初步选定的起重机的 E 值绘出水平线 H—H；

第二步在所绘的纵剖面图上，自屋架顶面中心向起重机方向水平量出一距离 g，g 至少取 1 m，定出点 P；

第三步根据式 $\alpha = \arctan\sqrt[3]{\dfrac{h}{f+g}}$ 求出起重臂的仰角 α，过 P 点做一直线，使该直线与 H—H 的夹角等于 α，交 y—y、H—H 于 A、B 两点；

第四步 AB 的实际长度即为所需起重臂的最小长度。

2. 结构安装方法及起重机开行路线

(1) 结构安装方法

单层工业厂房的结构安装方法有分件安装法和综合安装法两种。分件安装法适用于在车间内每开行一次仅安装一种或两种构件。通常分三次开行安装完所有构件，如图 2.17 所示。综合安装法适用于起重机在车间内的一次开行中，分节间安装完所有的各种类型的构件。

图 2.17 中数字表示构件吊装顺序，其中 1 ~ 12 为柱；13 ~ 32 单数是吊车梁，双数是联系梁；33、34 为屋架；35 ~ 42 为屋面板。

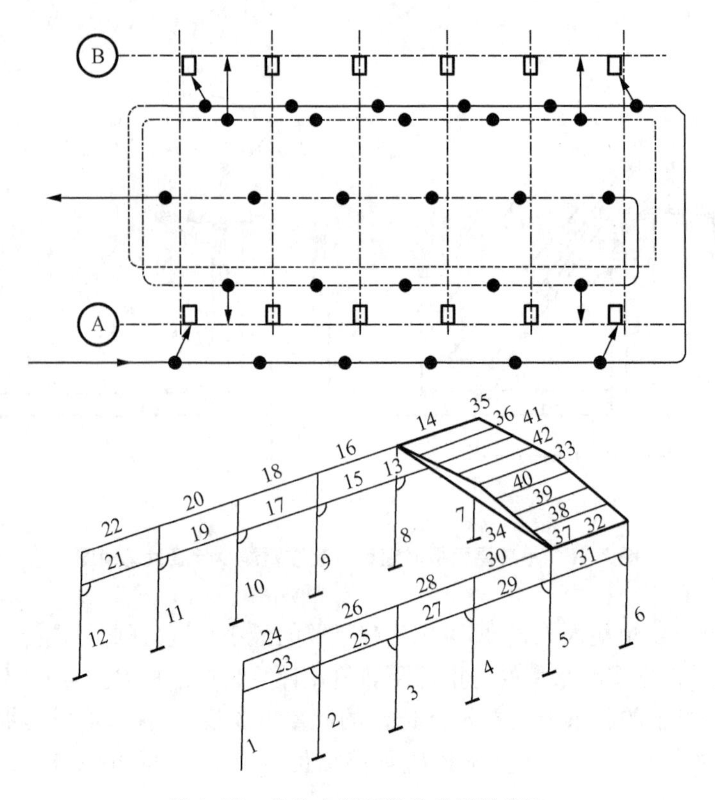

图 2.17　分件安装时的构件吊装顺序

(2) 起重机开行路线及停机位置

吊装屋架、屋面板等屋面构件时,起重机宜跨中开行;吊装柱子时,则视跨度大小,构件尺寸、质量及起重机性能,可沿跨中开行或跨边开行,如图 2.18 所示。

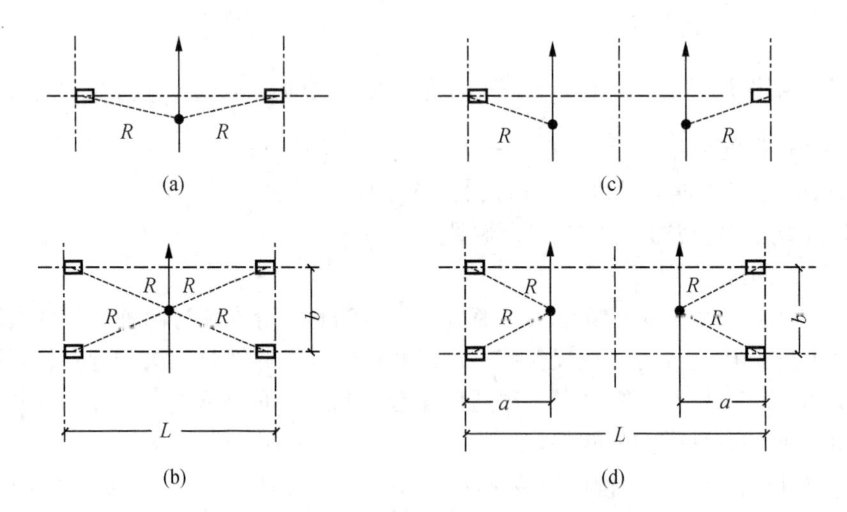

图 2.18　起重机吊装柱时的开行路线及停机位置

当 $R \geqslant L/2$ 时,起重机可沿跨中开行,每个停机位置可吊装两根柱,如图

2.18(a)所示。

当 $R \geqslant \sqrt{\left(\frac{L}{2}\right)^2+\left(\frac{b}{2}\right)^2}$ 时，则可吊装四根柱，如图2.18(b)所示。

当 $R<L/2$ 时，起重机需沿跨边开行，每个停机位置吊装1～2根柱，如图2.18(c)(d)所示。

图2.19所示为一个单跨车间采用分件安装法时起重机的开行路线及停机位置。

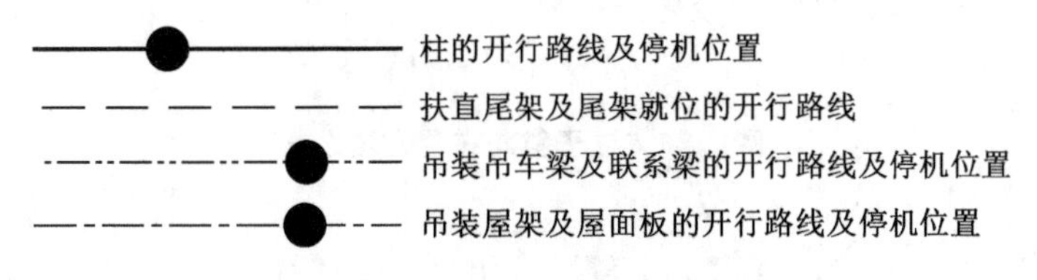

图2.19　起重机开行路线及停机位置

3. 构件的平面布置与运输堆放

(1)构件的平面布置原则

①每跨构件尽可能布置在本跨内，如确有困难也可布置在跨外便于吊装的地方；

②构件布置方式应满足吊装工艺要求，尽可能布置在起重机的起重半径内，尽量减少起重机在吊装时的跑车、回转及起重臂的起伏次数；

③按“重近轻远”的原则，首先考虑重型构件的布置；

④构件的布置应便于支模、扎筋及混凝土的浇筑，若为预应力构件，要考虑有足够的抽管、穿筋和张拉的操作场地等；

⑤所有构件均应布置在坚实的地基上，以免构件变形；

⑥构件的布置应考虑起重机的开行与回转，保证路线畅通，起重机回转时不与构件相碰；

⑦构件的平面布置分预制阶段构件的平面布置和安装阶段构件的平面布置，布置时两种情况要综合考虑，做到相互协调，有利于吊装。

(2)预制阶段构件的平面布置

①柱子的布置

柱的预制布置有斜向布置和纵向布置两种。

a. 柱子斜向布置。柱子采用旋转法起吊，可按三点共弧斜向布置，如图2.20所示。

两点共弧的方法有两种：一种是杯口中心与柱脚中心两点共弧，吊点放在起重半径 R 之外，如图2.21所示。吊装时，先用较大的起重半径 R' 吊起柱子，并升起重臂，当起重半径变成 R 后，停止升臂，随之用旋转法安装柱子。另一种方法是吊点与杯口中心两点共弧，柱脚放在起重半径 R 之外，安装时可采用滑行法，如图2.22所示。

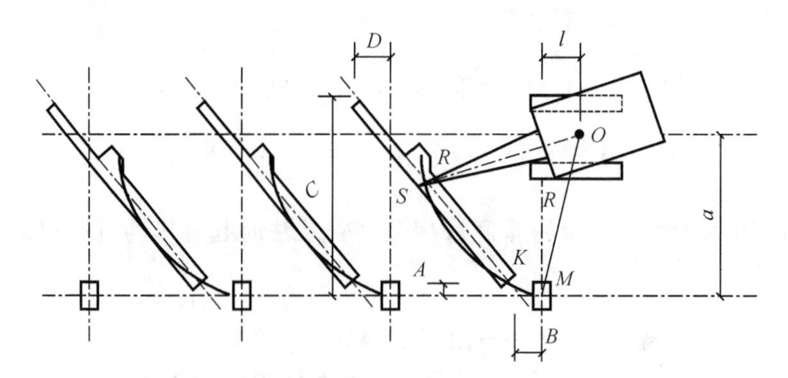

图2.20　柱子斜向布置方法之一

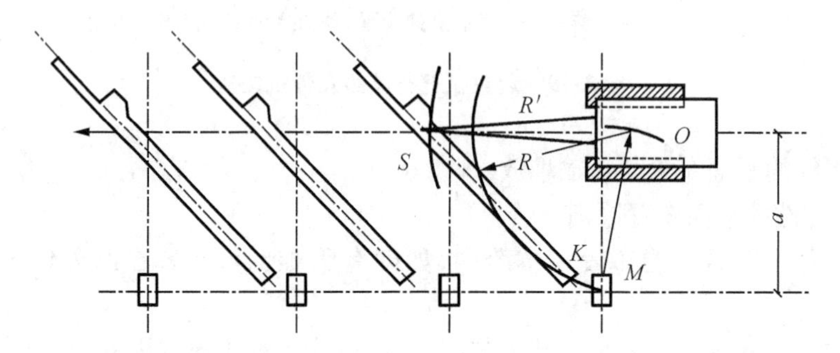

图2.21　柱子斜向布置方法之二
(柱脚与柱基两点共弧)

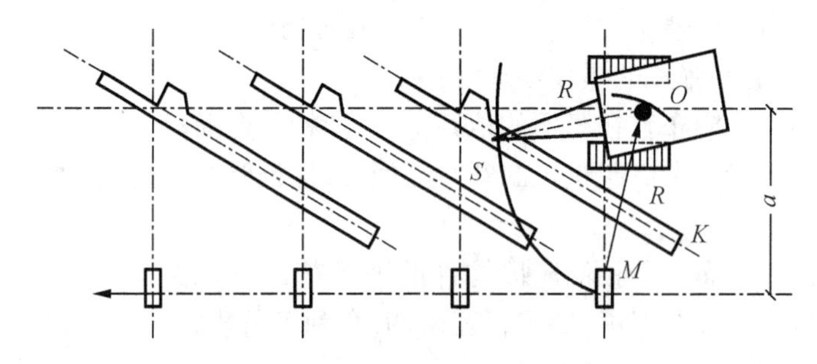

图2.22　柱子斜向布置方法之三
(吊点与柱基两点共弧)

b.柱子纵向布置。对于一些较轻的柱子,起重机能力有余量,考虑到节约场地,方便构件制作,可顺柱列纵向布置,如图2.23所示。柱子纵向布置时,绑扎点与杯口中心两点共弧。

若柱子长度大于12 m,柱子纵向布置宜排成两行,如图2.23(a)所示。

若柱子长度小于12 m,则可叠浇排成一行,如图2.23(b)所示。

②屋架的布置

屋架宜安排在厂房跨内平卧叠浇预制,每叠3~4榀,布置方式有三种:斜向布置、正反斜向布置和正反纵向布置,如图2.24所示。

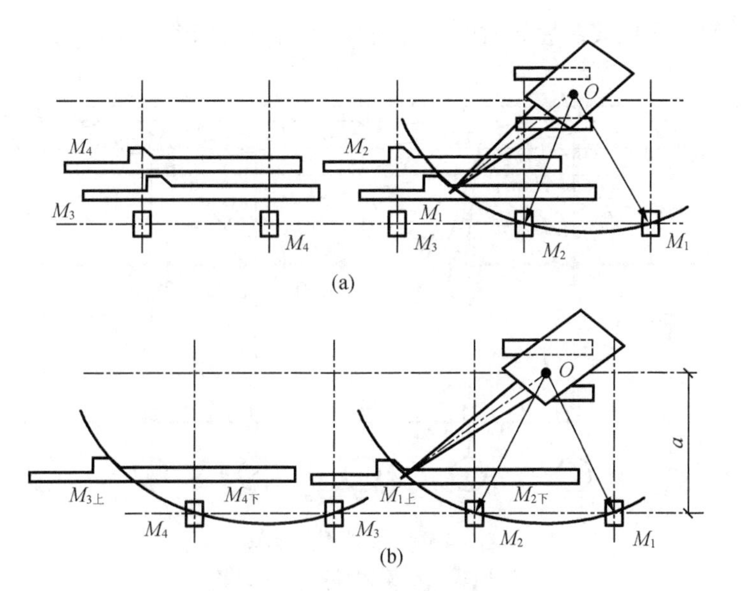

图 2.23　柱子纵向布置

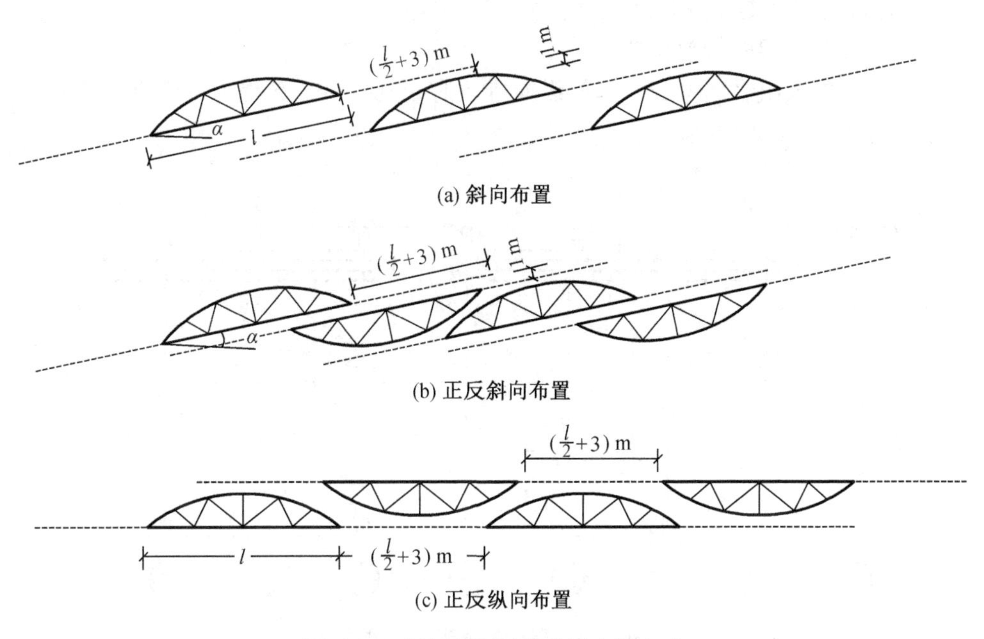

图 2.24　屋架预制时的几种布置方式

③吊车梁的布置

当吊车梁安排在现场预制时，可靠近柱基顺纵轴线或略做倾斜布置，也可插在柱子的空当中预制，或在场外集中预制等。

(3)安装阶段构件的排放布置及运输堆放

①屋架的扶直排放

屋架可靠柱边斜向排放或成组纵向排放。

a. 屋架的斜向排放。确定屋架斜向排放位置的方法可按下列步骤作图：

(i)确定起重机安装屋架时的开行路线及停机点,如图2.25所示。

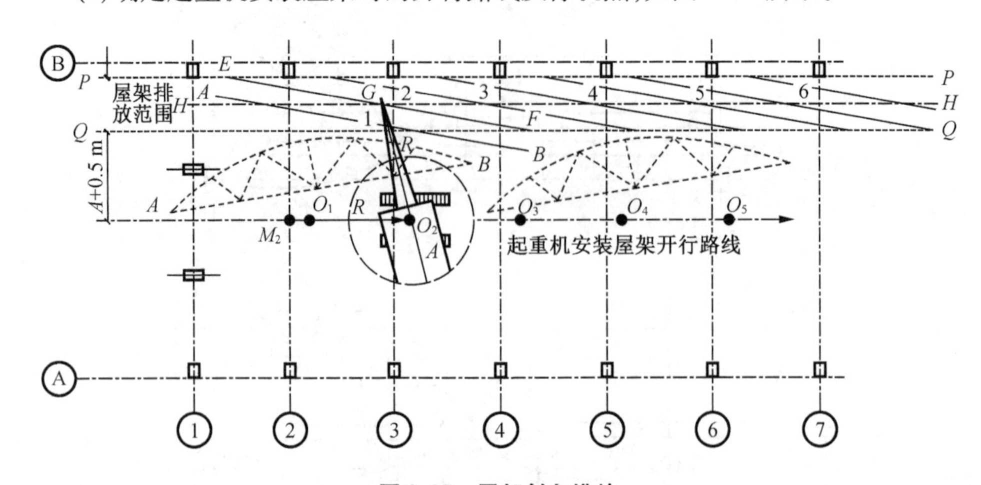

图2.25　屋架斜向排放

注:虚线表示屋架预制时的位置。

(ii)确定屋架的排放范围。

(iii)确定屋架的排放位置。

b.屋架的成组纵向排放。屋架纵向排放时,一般以4～5榀为一组靠柱边顺轴线纵向排放,如图2.26所示。

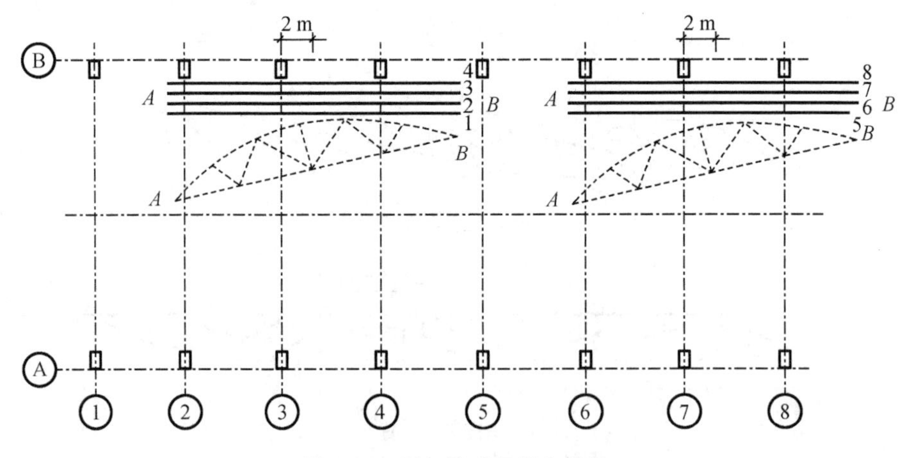

图2.26　屋架的成组纵向排放

注:虚线表示屋架预制时的位置。

②吊车梁、连系梁及屋面板的运输、堆放与排放

单层工业厂房除了柱和屋架一般在施工现场制作外,其他构件(如吊车梁、连系梁、屋面板等)均可在预制厂或附近的露天预制场制作,然后运至施工现场进行安装。

构件运输至现场后,应根据施工组织设计所规定的位置,按编号及构件安装顺序进行排放或集中堆放。吊车梁、连系梁的排放位置,一般在其吊装位置的柱列附近,跨内跨外均可。

屋面板可布置在跨内或跨外。多层装配式框架结构可分为全装配式框架结构和装配整体式框架结构。

全装配式框架结构是指柱、梁、板等均由装配式构件组成的结构，按其主要传力方向的特点可分为横向承重框架结构和纵向承重框架结构两种。

装配整体式框架结构又称半装配框架体系，其主要特点是柱子现浇，梁、板等预制。装配整体式框架的施工有以下三种方案：先浇每层柱，拆模后再安装预制梁、板，逐层施工；先支柱模和安装预制梁，浇筑柱子混凝土及梁柱节点处的混凝土，然后安装预制楼板；先支柱模，安装预制梁和预制板后浇筑柱子混凝土及梁柱节点和梁板节点的混凝土。

四、预制构件的平面布置

多层装配式框架结构的柱子较重，一般在施工现场预制。相对于塔式起重机的轨道，柱子预制阶段的平面布置有平行布置、垂直布置、斜向布置等几种方式。其布置原则与单层工业厂房构件的布置原则基本相同。

任务 2.2　多层及高层钢结构的安装

【学习任务单】

学习领域	钢结构制作与安装	
下篇	钢结构现场安装施工	学时
学习任务 2.2	多层及高层钢结构的安装	4
学习目标	1. 知识目标 (1)掌握钢框架的吊装顺序 (2)掌握钢柱的安装工艺 (3)掌握多层及高层钢结构的安装工艺流程 2. 能力目标 (1)能正确地根据相关要求选择吊装设备 (2)能够在仿真软件上进行多层及高层钢结构的安装作业 3. 素质目标 (1)培养学生严谨认真的工作态度 (2)培养学生具有安全施工意识 (3)培养学生具有团队协作意识	
学习资源	教材、多媒体课件、教学动画、教学录像、任务单等	
学习要求	1. 认真进行课前预习，充分利用学习资源 2. 充分发挥团队合作精神，正确完成学习任务 3. 相互学习，相互借鉴，提高学习效率	

任务导学：框架结构的安装

一、安装阶段的测量放线

1. 建立基准控制点

根据施工现场条件,建筑物测量基准点有两种测设方法。

一种为外控法,即将测量基准点设在建筑物外部,适用于场地开阔的现场。根据建筑物平面形状,在轴线延长线上设立控制点,控制点一般设在距建筑物0.8~1.5倍的建筑物高度处。引出交线形成控制网,并设立控制桩。

另一种为内控法,即将测量基准点设在建筑物内部,适用于场地较小,无法采用外控法的现场。控制点的位置、多少根据建筑物平面形状而定。

2. 平面轴线控制点的竖向传递

地下部分:高层钢结构工程通常有一定层数的地下部分,对地下部分可采用外控法,建立十字形或井字形控制点,组成一个平面控制网。

地上部分:控制点的竖向传递采用内控法时,投递仪器可采用全站仪或激光准直仪。在控制点架设仪器对中调平。在传递控制点的楼面上预留孔(如300 mm×300 mm),孔上设置光靶。传递时仪器从0°、90°、180°、270°四个方向向光靶投点,定出4点,找出4点对角线的交点作为传递上来的控制点。

3. 柱顶平面放线

利用传递上来的控制点,用全站仪或经纬仪进行平面控制网放线,把轴线放到柱顶上。

4. 悬吊钢尺传递高程

利用高程控制点,采用水准仪和钢尺测量的方法引测,如图2.27所示。

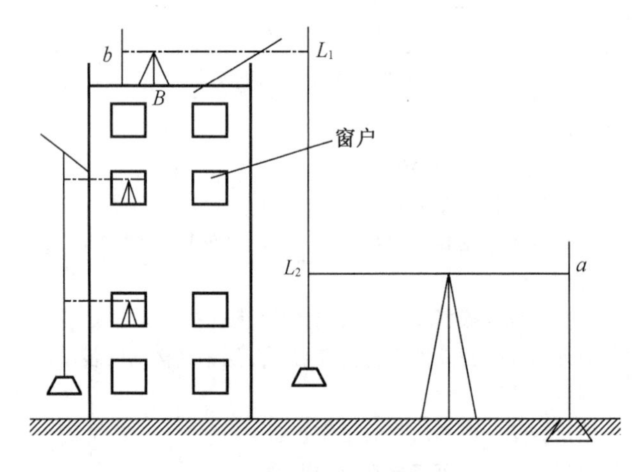

图2.27 悬吊钢尺传递高程

$$H_m = H_h + a + [(L_1 - L_2) + \Delta t + \Delta k] - b$$

式中 H_m——设置在建(构)筑物上水准点高程;

H_h——地面上水准点高层;

a——地面上A点置镜时水准尺的读数;

b——建(构)筑物上B点置镜时水准尺的读数;

L_1——建(构)筑物上 B 点置镜时钢尺的读数;

L_2——地面上 A 点置镜时钢尺的读数;

Δt——钢尺的温度改正值;

Δk——钢尺的尺长改正值。

当超过钢尺长度时,可分段向上传递标高。

5. 钢柱垂直度测量

钢柱垂直度的测量可采用以下几种方法。

(1)激光准直仪法

将准直仪架设在控制点上,通过观测接收靶上接收到的激光束,来判断柱子是否垂直。

(2)铅垂法

铅垂法是一种较为原始的方法,指用锤球吊校柱子,如图 2.28 所示。为避免锤线摆动,可加套塑料管,并将锤球放在黏度较大的油中。

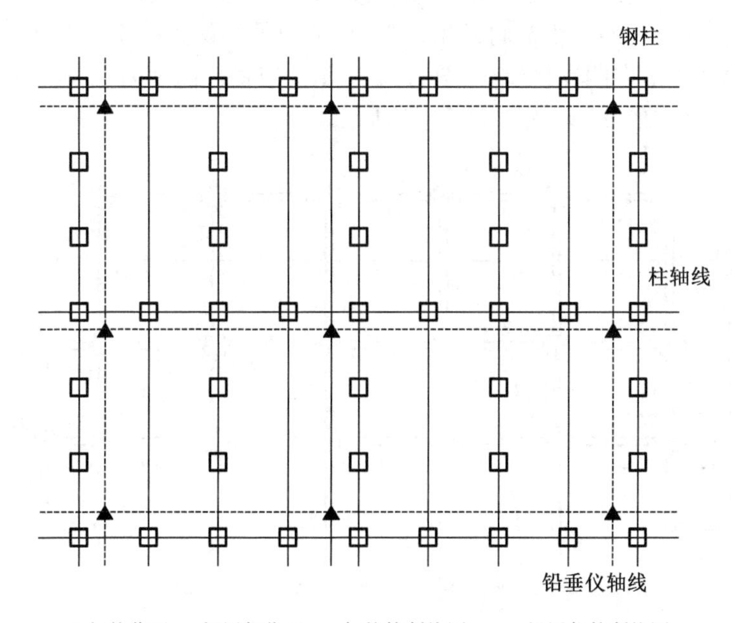

□钢柱位置;▲铅锤仪位置;— 钢柱控制格图;…… 铅锤仪控制格图。

图 2.28　钢柱安装铅锤仪布置

(3)经纬仪法

经纬仪法即用两台经纬仪架设在轴线上,对柱子进行校正,是施工中常用的方法。

(4)建立标准柱法

根据建筑物的平面形状选择标准柱,如正方形框架选 4 根转角柱。

根据测设好的基准点,用激光经纬仪对标准柱的垂直度进行观测,在柱顶设测量目标,激光仪每测一次转动 90°,测得 4 个点,取该 4 点相交点为准量测安装误差(图 2.29)。除标准柱外,其他柱子的误差量测采用丈量法,即以标准柱为依据,沿外侧拉钢丝绳组成平面封闭状方格,用钢尺丈量,若超过允许偏差则进行调整(图 2.30)。

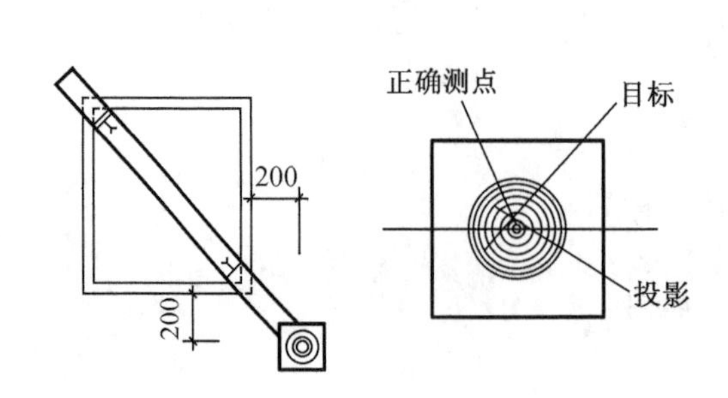

图2.29 钢柱顶的激光测量目标

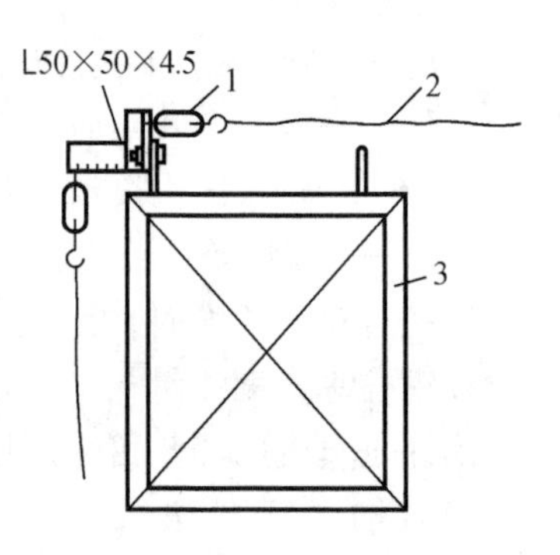

1—花篮螺丝;2—钢丝绳;3—角柱。

图2.30 钢柱校正用钢丝绳

二、构件的安装顺序

在平面,考虑钢结构安装效果的整体稳定性和对称性,安装顺序一般由中央向四周扩展,先从中间的一个节间开始,以一个节间的柱网为一个吊装单位,先吊装柱,后吊装梁,然后向四周扩展,如图2.31所示。节钢柱高度内所有构件为一个流水段,一个立面内的安装顺序如图2.32所示。

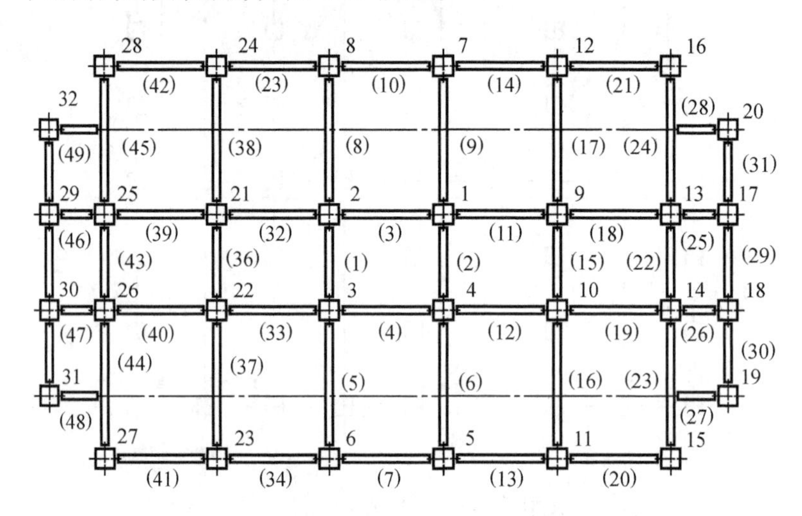

1,2,3,…—钢柱安装顺序;(1)(2)(3)…—钢梁安装顺序。

图2.31 高层钢结构柱、主梁安装顺序

三、构件接头的现场焊接顺序

高层钢结构的焊接顺序,应从建筑平面中心向四周扩展,采取结构对称、节点对称和全方位对称焊接,如图2.33所示。

柱与柱的焊接应由两名焊工在两相对面等温、等速对称施焊;一节柱的竖向焊接顺序是先焊顶部梁柱节点,再焊底部梁柱节点,最后焊接中间部分梁柱节点;梁和柱接头的焊缝,一般先焊梁的下翼缘板,再焊上翼缘板。梁的两端先焊一端,待其冷却至常温后再焊另一端,不宜对一根梁的两端同时进行施焊。

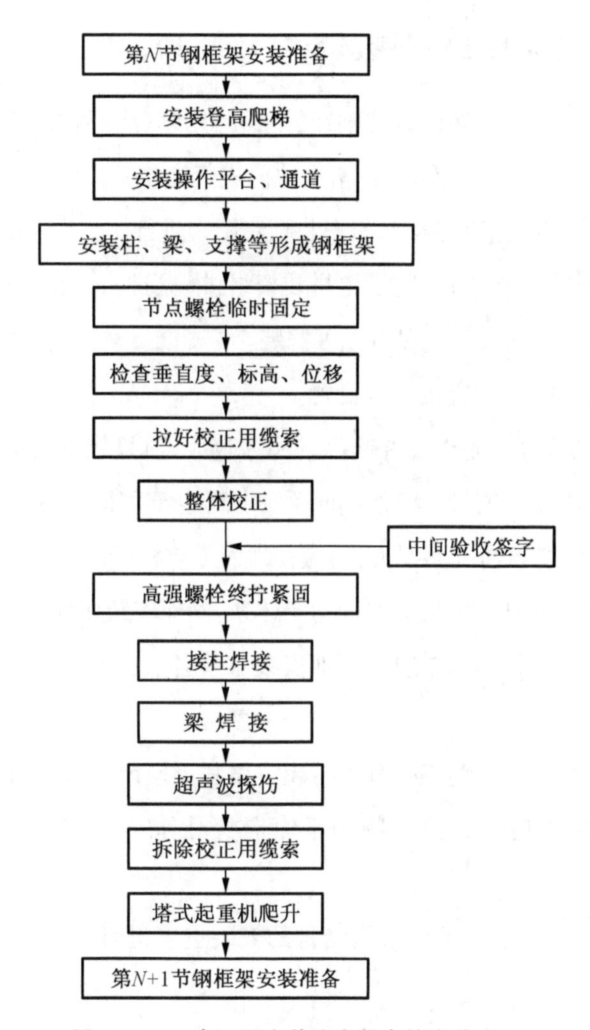

图 2.32　一个立面安装流水段内的安装顺序

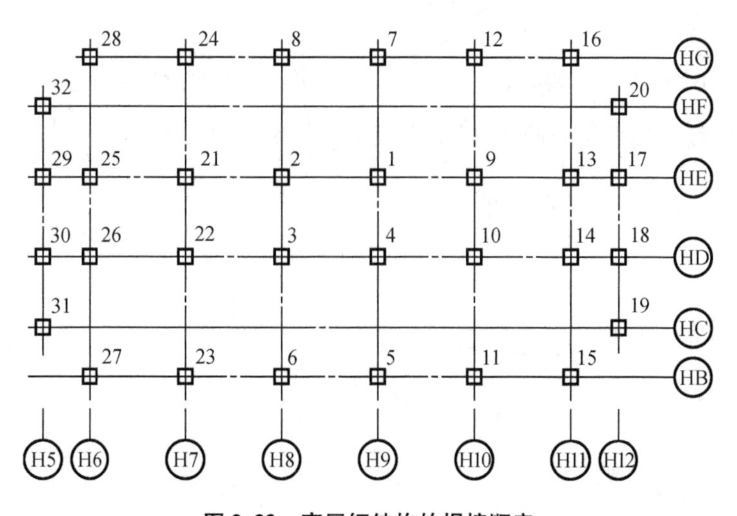

图 2.33　高层钢结构的焊接顺序

框架结构的认识(微课)

四、多层及高层钢结构安装要点

(1)安装前,应对建筑物的定位轴线、平面封闭角、底层柱的安装位置线、基础标高和基础混凝土强度进行检查,合格后才能进行安装。

(2)安装顺序应根据事先编制的安装顺序图表进行。

(3)凡在地面组拼的构件,需设置拼装架组拼(立拼),易变形的构件应先进行加固。组拼后的尺寸经校验无误后方可拼装。

(4)各类构件的吊点,宜按规定设置。

(5)钢构件的零件及附件一并起吊。尺寸较大、质量较重的节点板,应用铰链固定在构件上。钢柱上爬梯、大梁上的轻便走道应牢固固定在构件上一起起吊。调整柱子垂直度的缆风绳或支撑夹板,应在地面上与柱子绑扎好,同时起吊。

(6)当天安装的构件,应形成空间稳定体系,确保安装质量和结构安全。

(7)一节柱的各层梁安装校正后,即安装本节各层楼梯,铺好各层楼层的压型钢板。

(8)安装时,楼面上的施工荷载不得超过梁和压型钢板的承载力。

(9)预制外墙板应根据建筑物的平面形状对称安装,使建筑物各侧面均匀加载。

(10)叠合楼板的施工,要随着钢结构的安装进度进行。两个工作面相距不宜超过5个楼层。

(11)每个流水段一节柱的全部钢构件安装完毕并验收合格后,方能进行下一流水段钢结构的安装。

(12)高层钢结构安装时,需注意日照、焊接等引起的热影响导致构件产生的伸长、缩短、弯曲所引起的偏差,施工中应有调整偏差的措施。

任务 2.3　钢网架结构的安装

【学习任务单】

学习领域	钢结构制作与安装	
下篇	钢结构现场安装施工	学时
学习任务 2.3	钢网架结构安装	4
学习目标	1. 知识目标 (1)掌握钢网架安装前的准备工作 (2)掌握钢网架的安装方法 2. 能力目标 (1)能正确地根据相关要求编制钢网架安装工艺流程 (2)能在仿真软件上进行网架结构的吊装作业 3. 素质目标 (1)培养学生严谨认真的工作态度 (2)培养学生具有安全施工意识 (3)培养学生具有团队协作意识	
学习资源	教材、多媒体课件、教学动画、教学录像、任务单等	
学习要求	1. 认真进行课前预习,充分利用学习资源 2. 充分发挥团队合作精神,正确完成学习任务 3. 相互学习,相互借鉴,提高学习效率	

任务导学:钢网架结构的安装

一、基本规定

网架结构的认识(微课)

(1)钢网架结构安装应符合以下规定:

①安装的测量校正、高强度螺栓安装、低温度下施工及焊接工艺等,应在安装前进行工艺试验或评定,并应在此基础上制定相应的施工工艺或方案;

②安装偏差的检测,应在结构形成空间刚度单元并连接固定后进行;

③安装时,必须控制屋面、楼面、平台等的施工荷载,施工荷载和冰雪荷载等严禁超过梁、桁架、楼面板、屋面板、平台铺板等的承载能力。

(2) 钢网架结构支座定位轴线和标高的允许偏差应符合表 2.4。支座锚栓的规格及紧固应满足设计要求。检查数量按支座数抽查 10%,且不应少于 3 处,用经纬仪和钢尺实测。

(3)支撑面顶板的位置、标高、水平度以及支座锚栓位置的允许偏差符合表 2.5 的规定,按支座数抽查 10%,且不应少于 4 处,用经纬仪、水准仪、水平尺和钢尺实测。

表2.4 定位轴线、基础上支座的定位轴线和标高的允许偏差 (单位:mm)

项目	允许偏差	图例
结构定位轴线	l/20 000,且不大于3.0	
基础上支座的定位轴线	1.0	
基础上支座底标高	±3.0	基准点

表2.5 支承面顶板、支座锚栓位置允许偏差 (单位:mm)

项目		允许偏差
支承面顶板	位置	15.0
	顶面标高	0 −3.0
	顶面水平度	l/1 000
支座锚栓	中心偏移	±5.0

注:l为顶板长度。

(4)支承垫块的种类、规格、摆放位置和朝向,必须符合设计要求和国家现行有关标准的规定。橡胶垫块与刚性垫块之间或不同类型刚性垫块之间不得互换使用。

(5)对建筑结构安全等级为一级,跨度40 m及以上的公共建筑钢网架结构,且设计有要求时,应按下列项目进行节点承载力试验,其结果应符合以下规定:

①焊接球节点应按设计指定规格的球及其匹配的钢管焊接成试件,进行轴心拉、压承载力试验,其试验破坏荷载值大于或等于1.6倍设计承载力为合格。

②螺栓球节点应按设计指定规格的球最大螺栓孔螺纹进行抗拉强度保证荷载试验,达到螺栓的设计承载力时,螺栓、螺纹及封板仍完好无损为合格。

二、钢网架绑扎

根据钢网架吊装方式的不同,钢网架的绑扎可以分为用单机吊装绑扎和双机抬吊绑扎两种,见表2.6。

三、钢网架片吊装

钢网架片的吊装方式有两种,一种是单机吊装,另一种是双机抬吊,其施工方法见表2.7。

表 2.6　钢网架的绑扎

序号	绑扎方法	特点	大跨度钢立体桁架网架绑扎示意图	备注
1	单机吊装绑扎	对于大跨度钢立体桁架(钢网架片,下同)多采用单机吊装。吊装时,一般采用六点绑扎,并加设横吊梁,以降低起吊高度和桁架网片产生较大的轴向压力,避免桁架、网片出现较大的侧向弯曲		1—上弦; 2—下弦; 3—分段网架(30×9); 4—立体钢管网架。
2	双机抬吊绑扎	采用双机抬吊时,可采取在支座处两点起吊或四点起吊,另加两副辅助吊索		

表 2.7　钢网架片的吊装

序号	绑扎方法	特点	吊装示意图	备注
1	单机吊装绑扎	单机吊装较为简单,当桁架在跨内斜向布置时,可采用 150 kN 履带起重机或 400 kN 轮胎式起重机垂直起吊,吊至比柱顶高 50 cm 时,可将机身就地在空中旋转,然后落于柱头上就位,见右图所示。其施工方法同一般钢屋架吊装相同,可参照执行		1—大跨度钢立体桁架或网架片; 2—吊索; 3—30 kN 倒链。

表 2.7(续)

序号	绑扎方法	特点	吊装示意图	备注
2	双机抬吊绑扎(跨内和跨外两种布置和吊装方式)	当桁架略倾向布置在房屋内时,可采用两台履带式起重机或塔式起重机抬吊,吊起到一定高度后即可旋转就位,如右图所示。其施工方法同一般屋架双机抬吊法,可予以参照		
		当桁架在跨外时,可在房屋一端设拼装台进行组装,一般拼一榀吊一榀。施工时,可在房屋两侧铺上轨道,安装两台 600/800 kN 塔式起重机,吊点可以直接绑扎在屋架上弦支座处,每端用两根吊索。吊装时,由两台起重机抬吊,伸臂于水平保持大于 60°。起吊时统一两台起重机同步上升,将屋架缓慢吊起至高于顶住 500 mm 后,同时行走到屋架安装地点落下就位,如右图所示,并立即找正固定,待第二榀吊上后,接着吊装支撑系统及檩条,及时校正形成几何稳定单元。此后每吊一榀,可用上一节间檩条临时固定,整个屋盖吊完后,再将檩条统一找平加以固定,以保证屋面平整		1—41.4 m 钢管立体桁架; 2—框架柱; 3—TQ600/800 kN 塔式起重机。

四、钢网架安装施工

网架结构的节点和杆件,在工厂内制作完成并检验合格后运至现场,拼装成完整体。工程中有许多因地制宜的安装方法,如下所述。

1. 整体吊升法

整体吊升法是将网架结构在地上错位拼装成整体,然后用起重机吊升超过设计标高,空中移位后落位固定。此法不需要搭设拼装架,高空作业少,易于保证接头焊接质量,但需要起重能力大的设备,吊装技术也复杂。此法以吊装焊接球节点网架为宜,尤其是三向网架的吊装。

(1)多机抬吊

多机抬吊一般用四台起重机联合作业,将地面错位拼装好的网架整体吊升到柱顶后,在空中进行移位落下就位安装。其适于跨度 40 m 左右,高度 2.5 m 左右的中、小型网架屋盖的吊装。

①布置起重机时需要考虑各台起重机的工作性能和网架在空中移位的要求。起吊前要测出每台起重机的起吊速度,以便起吊时掌握,或每两台起重机的吊索用滑轮连通,这样起重机的起吊速度不一致时,可由连通滑轮的吊索自行调整。

②多机抬吊的方式一般有四侧抬吊和两侧抬吊两种,如图 2.34 所示。前者移位较平稳,但操作较复杂;后者空中移位较方便,但平稳性较差。两种吊法都需要多台起重设备,操作技术要求较严。

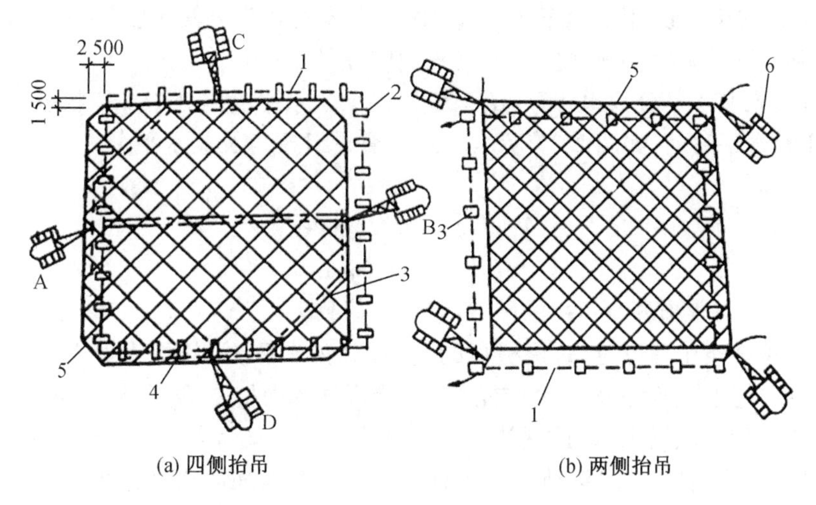

(a) 四侧抬吊　　(b) 两侧抬吊

1—网架安装位置;2—柱;3—串通吊索;4—吊点;5—网架拼装位置;6—履带式起重机。

图 2.34　四机抬吊网架

③采用四侧抬吊时,为防止起重机因升降速度不一而产生不均匀荷载,每台起重机应设置两个吊点,每两台起重机的吊索互相用滑轮串通,使各吊点受力均匀,网架平稳上升。

④当网架提到比柱顶高 30 cm 时,进行空中移位,起重机 A 一边落起重臂,一边升钩;起重机 B 一边升起重臂,一边落钩;C、D 两台起重机则松开旋转刹车跟着

旋转,待转到网架支座中心线对准柱子中心时,四台起重机同时落钩,并通过设在网架四角的拉索和倒链拉动网架进行对线,将网架落到柱顶就位。

⑤两侧抬吊是用四台起重机将网架吊过柱顶同时向一个方向旋转一定距离,即可就位。

⑥如网架质量较轻,或四台起重机的起重量均能满足要求时,宜将四台起重机布置在网架的两侧,这样只要四台起重机将网架垂直吊升超过柱顶后,旋转一个小角度,即可完成网架空中移位要求。

(2)单提网架法

单提网架法是多机抬吊的另一种形式。它是用多根独脚拔杆将地面错位拼装的网架吊升超过柱顶,进行空中移位后落位固定。采用此法时,支撑层盖结构的柱与拔杆应在屋盖结构拼装前竖立。该方法对于吊装高、重、大的屋盖结构,特别是大型网架较为适宜。

①多根独角拔杆进行整体吊升网架的关键是网架吊升后的空中移位。由于拔杆变幅很困难,网架在空中的移位,是利于拔杆两侧起重滑轮组中的水平力不等而推动网架移位的。

②网架空中移位的方向与桅杆及其起重滑轮组布置有关。如桅杆对称布置,桅杆的起重平面(即滑轮组与桅杆所构成的平面)方向一致且平行于网架的一边,因此使网架产生运动的水平分力都平行与网架的一边,网架即产生单向的移位。桅杆均布于统一圆周上,且桅杆的起重面垂直于网架半径。这时使网架产生运动的水平分力和桅杆的起重平面相切,由于切向力的作用,网架即产生绕其圆心旋转的运动。

③网架被吊升时,每根拔杆两侧滑轮组夹角相等,上升速度一致,两侧受力相等($T_1 = T_2$),其水平分力也相等($H_1 = H_2$),网架于水平面内处于平衡状态,只垂直上升,不会水平移动,如图2.35所示。此时滑轮组拉力及其水平分力分别可按下式计算:

$$T_1 = T_2 = (Q/2)\sin\alpha$$

$$H_1 = H_2 = T_1\cos\alpha$$

式中 Q——每根桅杆所负担的网架、索具等荷载。

④使网架空中移位时,每根桅杆的同一侧(如右侧)滑轮组钢丝绳徐徐放松,而另一侧(左边)滑轮不动。此时右边钢丝绳因松弛而拉力 T_2 变小,左边 T_1 则由于网架重力作用相应增大,因此两边水平力也不等,即 $H_1 > H_2$,这就打破了平衡状态,网架朝 H_1 所指的方向移动。直至右侧滑轮组钢丝绳放松到停止,重新处于拉紧状态时,则 $H_1 = H_2$,网架恢复平衡,移动也即终止。此时平衡方程式为

$$T_1\sin\alpha_1 + T_2\sin\alpha_2 = Q$$

$$T_1\cos\alpha_1 = T_2\cos\alpha_2$$

但由于 $\alpha_1 > \alpha_2$,故此时 $T_1 > T_2$。

⑤在平移时由于一侧滑轮组不动,因而在网架平移的同时,网架还会产生以 O 点为圆心,OA 为半径的圆周运动而少许下降。

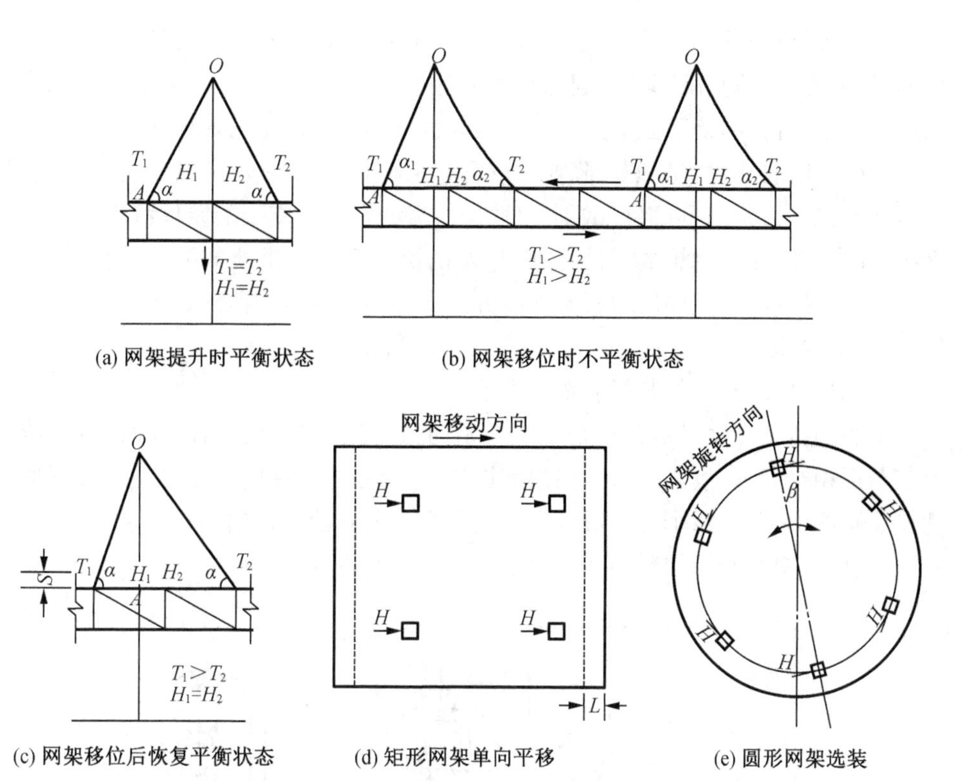

(a) 网架提升时平衡状态　(b) 网架移位时不平衡状态

(c) 网架移位后恢复平衡状态　(d) 矩形网架单向平移　(e) 圆形网架选装

S—网架移位时下降距离；L—网架水平移位距离；B—网架选装角度。

图 2.35　拔杆吊升网架的空中移位顺序

2. 高空散装法

高空散装法是指运输到现场的运输单元体（平面桁架或椎体）或散件，用起重机械吊升到高空对位拼装成整体结构的方法。其适用于螺栓球或高强螺栓连接节点的网架结构；不宜用于焊接球网架的拼装，因焊接易引燃脚手板，操作不够安全，同时高空散装，不易控制标高、轴线和质量，工效降低。

本法不需要大型起重设备，对场地要求不高，但需搭设大量拼装支架，高空作业多。

（1）施工特点

采用高空散装法施工时，在拼装过程中，始终有一部分网架悬挑着。当网架悬挑拼接成为一个稳定体系时，不需要任何支架设备来承受其自重和施工荷载。但是当跨度较大，拼接到一定悬挑长度后，需设置单肢柱或支架来支承悬挑部分，以减少或避免因自重和施工荷载而产生的挠度。

（2）支架设置

支架既是网架拼装成型的承力架，又是操作平台支架，所以支架搭设位置必须对准网架下弦节点。

①支架一般用扣件和钢管搭设，不宜用竹或木制，因为这些材料容易变形并易燃，故当网架用焊接连接时禁用。

②拼装支架必须牢固，设计时应对单肢稳定、整体稳定进行验算，并估算沉降量。其中单肢稳定验算可按一般钢结构设计方法进行。

③它应具有整体稳定性和在荷载作用下有足够的刚度,应将支架本身的弹性压缩、接头变形、地基沉降等引起的总沉降值控制在5 mm以下。为了调整沉降值和卸荷方便,可在网架下弦节点与支架之间设置调整标高用的千斤顶。

④高空散装法对支架的沉降要求较高(不得超过5 mm),应给予足够的重视。大型网架施工,必要时可进行试压,以取得所需的资料。支架的整体沉降量包括钢管接头的空隙压缩、钢管的弹性压缩、地基的沉陷等。如果地基情况不良,要采取夯实加固等措施,并且要用木板铺地以分散支柱传来的集中荷载。

(3)拼装操作

钢网架拼装施工时,其拼装顺序如下:

①总的拼装顺序是从建筑物一端开始向另一端以两个三角形同时推进,待两个三角形相交后,则按人字形逐榀向前推进,最后在另一端的正中合龙。每榀块体的安装顺序,在开始两个三角形部分是由屋脊部分开始分别向两边拼装,两三角形相交后,则由交点开始同时向两边拼装,如图2.36所示。

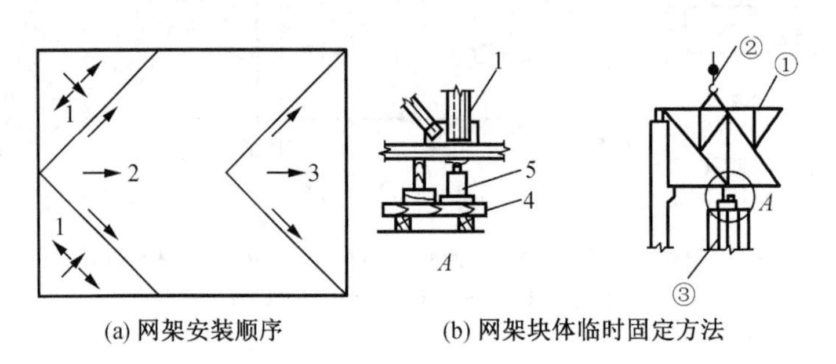

(a)网架安装顺序　　(b)网架块体临时固定方法

1—第一榀网架块体;2—吊点;3—支架;4—枕木;5—液压千斤顶。

图2.36　高空散装法安装网架

注:(b)中①②③为安装顺序。

②吊装分块(分件)时,可用两台履带式或塔式起重机进行,拼装支架用钢制,可局部搭设作成活动式,亦可满堂红搭设。分块拼装后,在支架上分别用方木和千斤顶顶住网架中央竖杆下方进行标高调整,其他分块则随拼装随拧紧高强螺栓,与已拼好的分块连接即可。

当分件拼装时,一般采取分条进行,顺序为支架抄平、放线→放置下弦节点垫板→按格依次组装下弦、腹杆、上弦支座(由中间向两端,一端向另一端扩展)→连接水平系杆→撤出下弦节点垫板→总拼精度校验→油漆。每条网架组装完,经校验无误后按总拼顺序进行下条网架的组装,直至全部完成。

(4)支架的拆除

网架拼装成整体并检查合格后,即拆除支架。拆除时应从中央逐圈向外分批进行,每圈下降速度必须一致,应避免个别支点集中受力,造成拆除困难。对于大型网架,每次拆除的高度可根据自重挠度值分成若干批进行。

3. 分条或分块安装法

分条或分块安装法是高空散装的组合扩大。为适应起重机械的起重能力和减少高空拼装工作量,将屋盖划分为若干个单元,在地面拼装成条状或块状扩大组合单元体后,用起重机械或设在双柱顶的起重设备(钢带提升机、升板机等),垂直吊升或提升到设计位置上,拼装成整体网状结构。

本法高空作业较高空散装法减少,同时只需搭设局部拼装平台,拼装支架量也大大减少,并可充分利用现有起重设备,比较经济。但施工应注意保证条(块)状单元制作精度和起拱,以免造成总拼困难。

该方法适于分割后刚度和受力状况改变较小的各种中、小型网架,如双向正交正放、正放四角锥、正放抽空四角锥等网架。对于场地狭小或跨越其他结构、起重机无法进入网架安装区域时尤为适宜。

(1)分割要求

分割后的条(块)状单元体在自重作用下应能形成一个稳定体系,同时还应有足够的刚度,否则应加固。对于正放类网架而言,在分割成条(块)状单元后,自身在重力作用下能形成几何不变体系,同时也有一定的刚度,一般不需加固。但对于斜放类网架,在分割成条(块)状单元后,由于上弦菱形结构为可变体系,因而必须加固后才能吊装。如图 2.37 所示为斜放四角锥网架上弦加固方法。

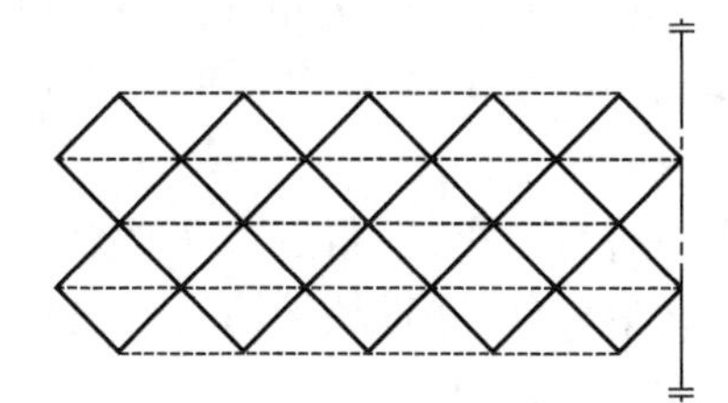
(a) 网架上弦临时加固件采用平行式

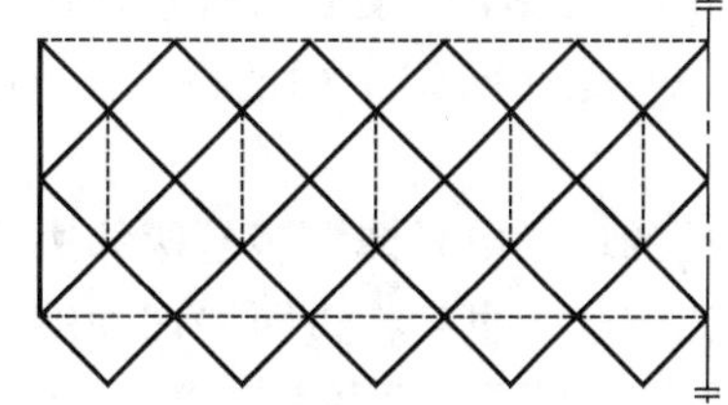
(b) 网架上弦临时加固件采用间隔式

图 2.37　斜放四角锥网架上弦加固示意图(虚线表示临时加固杆件)

无论是条状单元体还是块状单元体,每个单元体的质量应以现有起重机能力胜任为准。

(2)条状单元组合体的划分

条状单元组合体的划分,是沿着屋盖长方向切割。对桁架结构式将一个节间或两个节间的两榀或三榀桁架组成条状单元体;对网架结构,则将一个或两个网格组装成条状单元体。切割组装后的网架条状单元体往往是单向受力的两端支承结构。

条状单元是指沿网架长跨方向分割为若干区段,每个区段的宽度是 1 ~ 3 个网格。而其长度即为网架的短跨或 1/2 短跨,通常条状单元的划分有以下几种形式:

①网架单元相互紧靠,把下弦双角钢分在两个单元上[图 2.38(a)],此法可用于正放四角锥网架。

②网架单元相互靠紧,单元间上弦用剖分式安装节点连接[图 2.38(b)],此法可用于斜放四角锥网架。

③单元之间空一节间,该节间在网架单元吊装后再在高空拼装[图 2.38(c)],可用于两向正交正放或斜放四角锥等网架。

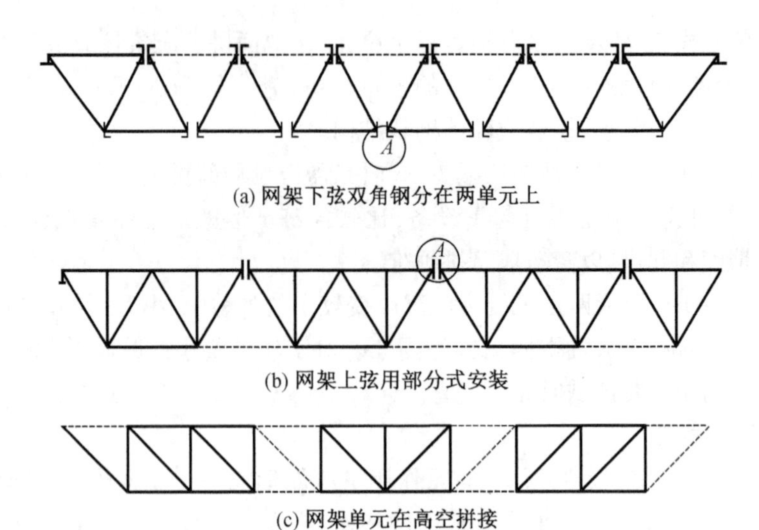

(a) 网架下弦双角钢分在两单元上

(b) 网架上弦用部分式安装

(c) 网架单元在高空拼接

图2.38　网架条(块)状单元划分方法

(3) 块状单元组合体的划分

块状单元是指将网架沿纵横方向分割成矩形或正方形的单元。块状单元组合体的分块一般是在网架平面的两个方向均有切割,其大小视起重机的起重能力而定。

切割后的块状单元体大多是两邻边或一边有支撑,一角点或两角点要增设临时顶撑予以支承。也有将边网格切除的块状单元体,在现场地面对准设计轴线组装,边网格在垂直吊升后再拼接成整体网架,如图2.39所示。

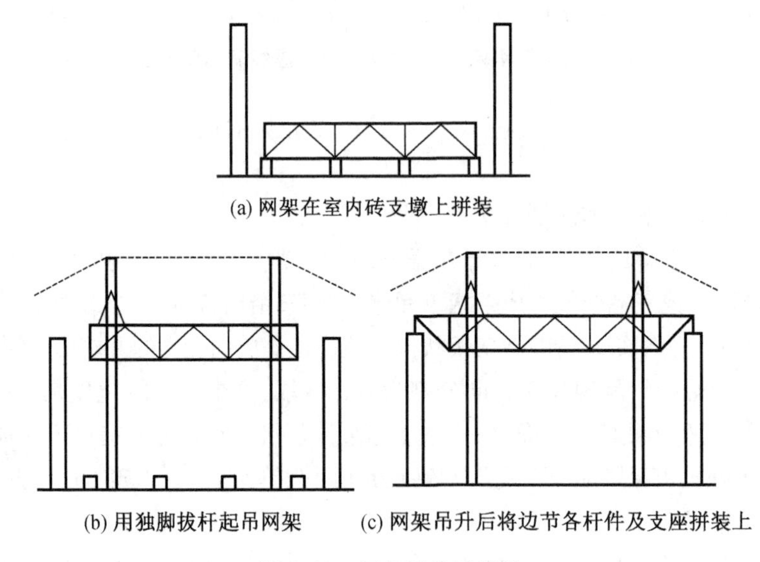

(a) 网架在室内砖支墩上拼装

(b) 用独脚拔杆起吊网架　　(c) 网架吊升后将边节各杆件及支座拼装上

图2.39　网架吊升后拼装

(4)拼装操作

吊装有单机跨内吊装和双机跨外抬吊两种方法,如图2.40(a)(b)所示。在跨中下部设可调立柱、钢顶撑，以调节网架跨中挠度，如图 2.40(c)所示。吊上后即可将半圆球节点焊接和安设下弦杆件，待全部作业完成后，拧紧支座螺栓，拆除网架、下立柱，即告完成。

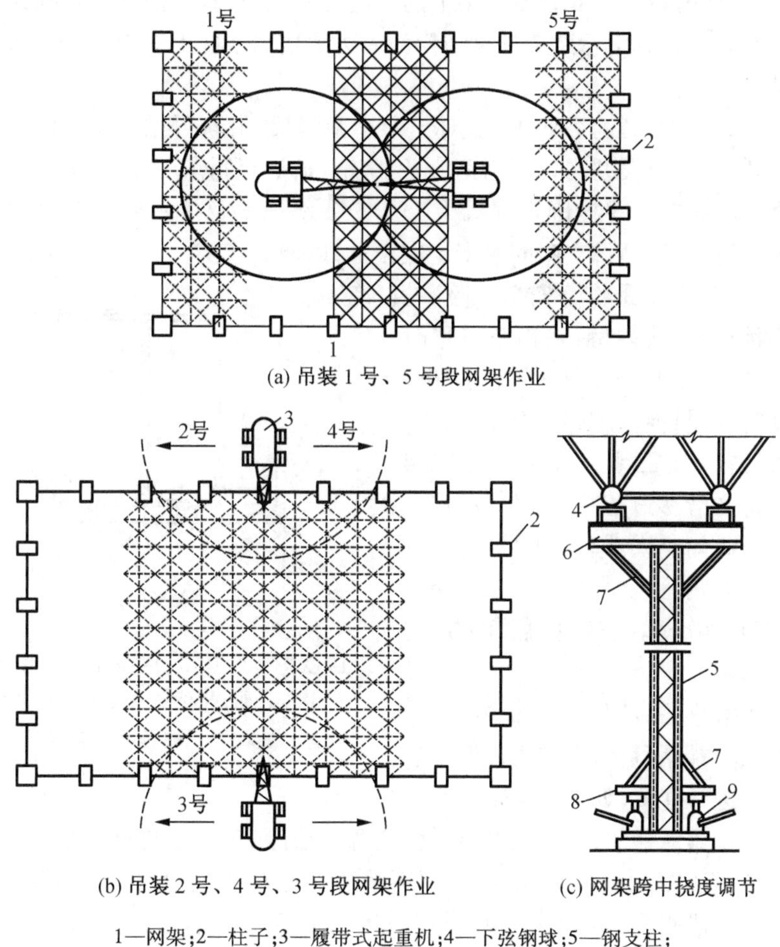

(a) 吊装 1 号、5 号段网架作业

(b) 吊装 2 号、4 号、3 号段网架作业

(c) 网架跨中挠度调节

1—网架；2—柱子；3—履带式起重机；4—下弦钢球；5—钢支柱；6—横梁；7—斜撑；8—升降顶点；9—液压千斤顶。

图 2.40　分条分块法安装网架

(5)网架挠度顶高调整

网架条状单元在吊装就位过程中，其受力状态属平面结构体系，而网架结构是按空间结构设计的，因而条状单元在总拼接前的挠度要比网架形成整体后该处的挠度大，故在总拼前必须在合龙处用支撑顶起，调整挠度使其与整体网架挠度符合。

块状单元在地面制作后，应模拟高空支承条件，拆除全部地面支墩后观察施工挠度，必要时调整其挠度。

(6)网架尺寸控制

条(块)状单元尺寸必须准确，以保证高空拼时节点吻合或减少积累误差，一般可采取预拼装或现场临时配杆等措施解决。

4. 高空滑移法

高空滑移法是将网架条状单元组合体在建筑上空进行水平滑移对位总拼的一种施工方法。通常,在地面或支架上扩大条状单元拼装,在将网架条状单元提升到预定高度后,利用安装在支架或圈梁上的专用滑行轨道,水平滑移对位拼装成整体网架。该方法主要适用于网架支承结构为周边承重墙或柱上有现浇钢筋混凝土圈梁等情况。

(1)滑移用的轨道有各种形式,对于中小型网架,滑轨可用圆钢、扁铁、角钢及小型槽钢制作;对于大型网架可用钢轨、工字钢、槽钢等制作。

滑轨可用焊接或螺栓固定在梁上。其安装水平度及接头要符合有关技术要求。网架在滑移完成后,支座即固定于底板上,以便于连接。

(2)导向轮主要是作为安全保险装置之用,一般设在导轨内侧,在正常滑移时,导向轮与导向轨脱开,其间隙为 10 ~ 20 mm,只有当同步差超过规定值或拼装误差在某处较大时二者才碰上,如图 2.41 所示。但是在滑移过程中,当左右两台卷扬机以不同时间启动或停车时,也会造成导向轮顶上滑轨。

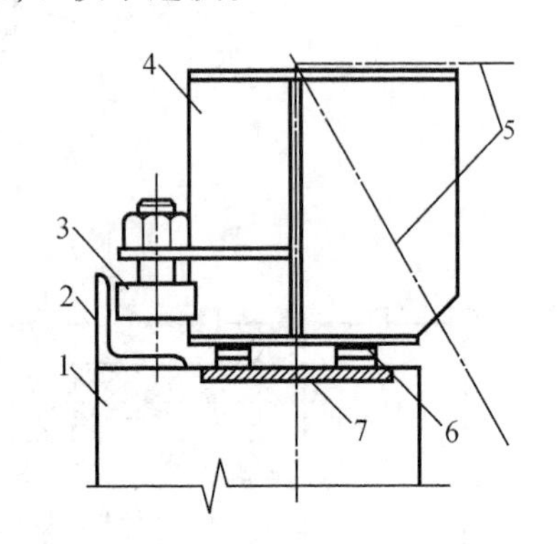

1—天沟梁;2—导轨;3—导轮;4—网架支座;
5—网架杆件中心线;6—轨道;7—预埋钢板。

图 2.41　轨道与导轮设置

(3)条状组合体在高空的滑移方式一般有以下两种:

①单条滑移法,即先将条状单元一条条地分别从一端滑移到另一端就位安装,各条在高空进行连接,如图 2.42(a)所示。

②逐条积累滑移法,即先将条状单元滑移一段距离后(能连接上第二单元的宽度即可),连接上第二条单元,两条一起再滑移一段距离(宽度同上),再接第三条又一起滑移一段距离,如此循环操作直至接上最后一条单元为止,如图 2.42(b)所示。

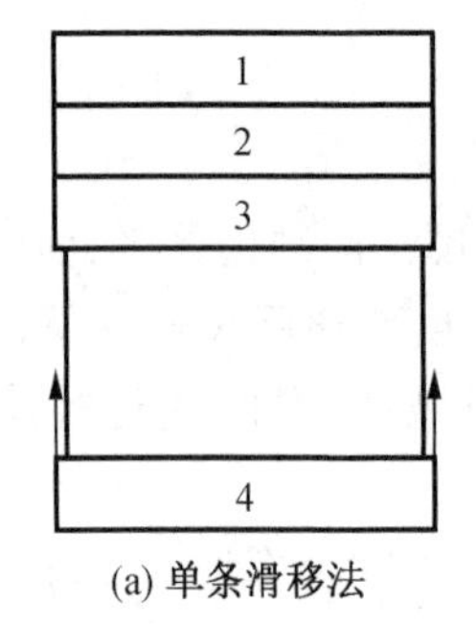

(a) 单条滑移法

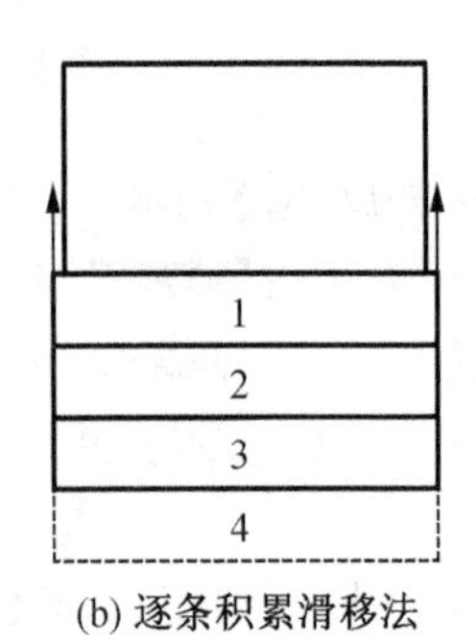

(b) 逐条积累滑移法

图 2.42　高空滑移法示意图

(4)滑移平台由钢管脚手架或升降调平支撑组成,如图 2.43 所示。平台上面铺设安装模架,同时平台宽度应略大于两个节间。

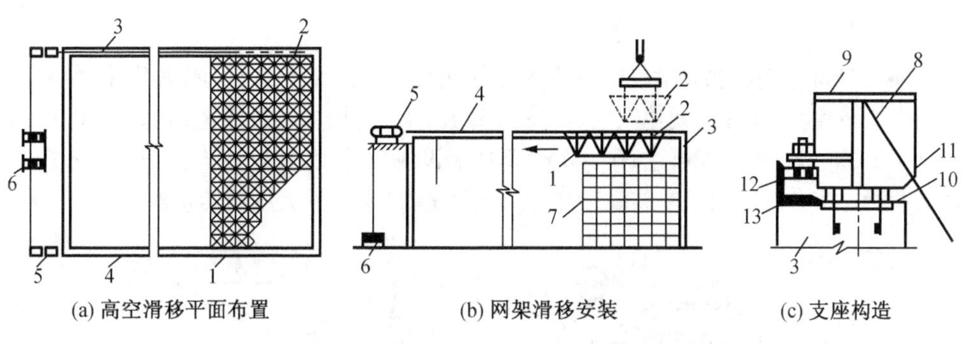

(a) 高空滑移平面布置　(b) 网架滑移安装　(c) 支座构造

1—网架;2—网架分块单元;3—天沟梁;4—牵引线;
5—滑车组;6—卷扬机;7—拼装平台;8—网架杆件中心线;
9—网架支座;10—预埋铁件;11—型钢轨道;12—导轮;13—导轨。

图 2.43　高空滑移法安装网架

(5)网架滑移施工时,其起始点应尽量利用已建结构物,如门厅、观众厅,高度应比网架下弦低 40 cm,以便在网架下弦节点与平台之间设置千斤顶,用以调整标高。

(6)网架拼装时,应先在地面将杆件拼装成两球一杆和四球五杆的小拼构件,然后用悬臂式桅杆、塔式或履带式起重机,按组合拼接顺序吊到拼接平台上进行扩大拼装。先就位点焊网架下弦方格,再点焊立起横向跨度方向角腹杆。每节间单元网架部件点焊拼接顺序,由跨中向两端对称进行,焊完后临时加固。

(7)牵引可用慢速卷扬机或绞磨进行,并设减速轮滑组。牵引点应分散设置,滑移速度应控制在 1 m/min 以内,并要求做到两边同步滑轮。当网架跨度大于 50 m,应在跨中增设一条平稳滑道或辅助支顶平台。

(8)当拼装精度要求不高时,控制同步可在网架两侧的梁面上标出尺度,牵引时同时报滑移距离。当同步要求较高时,可采用自整角机同步指示装置,以便集中于指挥台随时观察牵引点移动情况,读数精度为 1 mm。自整角机的安装如图 2.44 所示。

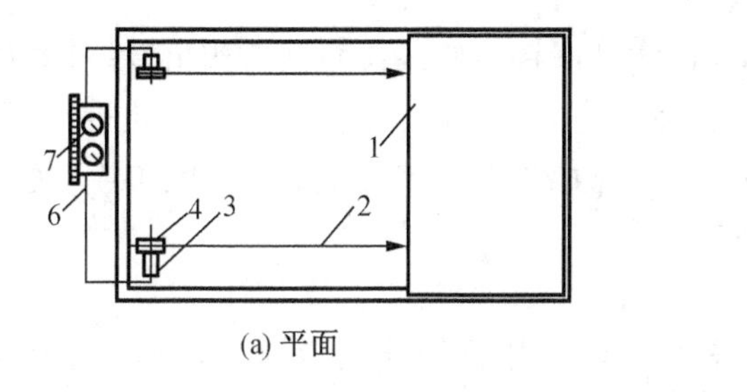

(a) 平面

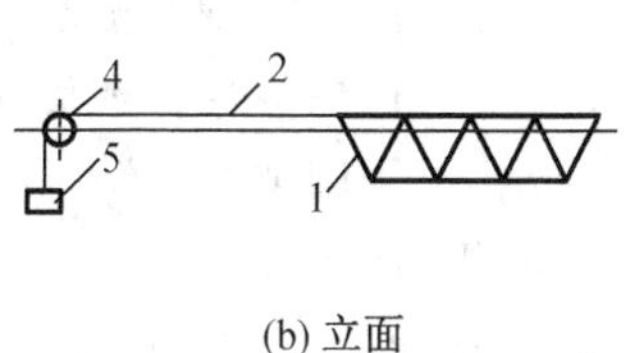

(b) 立面

1—网架;2—钢丝;3—自整角机发送机;4—转盘;5—平衡重;
6—导线;7—自整角机接收机及读数盘。

图 2.44　自整角机同步指示器安装示意图

(9)当网架单条滑移时,其施工挠度的情况与分条分块法完全相同;当逐条积累滑移时,网架的受力情况仍然是两端自由搁置的主体桁架。因而滑移时网架虽仅承受自重,但其挠度仍较形成整体后为大,因此在连接新的单元前,都应将已滑移好的部分网架进行挠度调整,然后再拼接。在滑移时应加强对施工挠度的观测,随时调整。

5. 桅杆提升法

本法是将网架在地面错位拼装,用多根独脚桅杆将其整体提升到柱顶以上,然后进行空中旋转和移位,落下就位安装,如图2.45所示。桅杆可自行制造,起重量大,可达1 000~2 000 kN,桅杆高可达50~60 m,但所需设备数量大,准备工作和操作均较复杂,费工费时。该方法适用于安装高、重、大(跨度80~110 m)的大型网架屋盖。

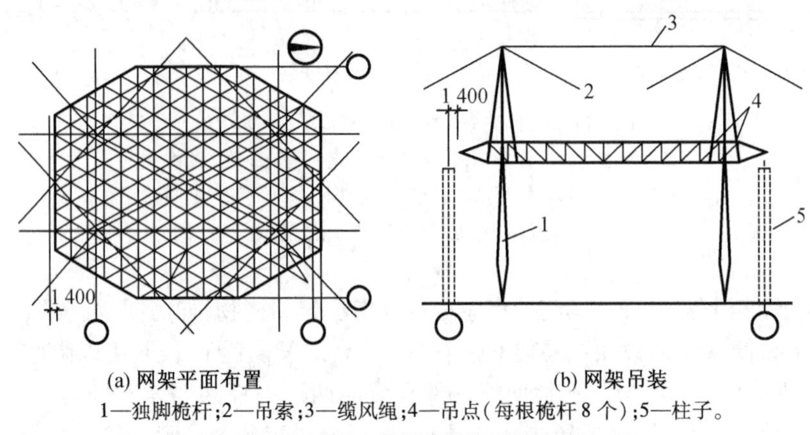

(a) 网架平面布置　　(b) 网架吊装

1—独脚桅杆;2—吊索;3—缆风绳;4—吊点(每根桅杆8个);5—柱子。

图2.45　用4根独脚提杆抬吊网架

(1)柱和桅杆应在网架拼装前竖立。当安装长方、八角形网架时,可在网架接近支座处,竖立4根钢制格构独脚桅杆。每根桅杆的两侧各挂一副起重滑车组,每副滑车组下设两个吊点,并配一台卷筒直径、转速相同的电动卷扬机,使提升同步。每根桅杆设6根缆风绳,且与地面成30°~40°夹角。

(2)网架拼装时,逆时针转2°5′,使支座偏离柱1.4 m,即用多根桅杆将网架吊过柱顶后,需要向空中移位或旋转1.4 m。

(3)提升时,4根桅杆、8副起重滑车组同时收紧提升网架,使等速平稳上升,相邻两桅杆处的网架高差应不大于100 mm。

(4)当提升到柱顶以上50 cm时,放松桅杆左侧的起重滑车组,使桅杆右侧的起重滑车组保持不动,则左侧滑车组松弛,拉力变小,因而其水平分力也变小,网架便向左移动,进行高空移位或旋转就位,经轴线、标高校正后,用电焊固定。桅杆利用网架悬吊,采用倒装法拆除。

6. 滑模提升法

本法系在地面一定高度正位拼装网架,利用框架柱或墙的滑模装置将网架随滑模顶升到设计位置,如图2.46所示。

(1)顶升前,先将网架拼装在1.2 m高的枕木垫上,使网架支座位于滑模提升架所在柱(或墙)截面内。每柱安4根ϕ28钢筋支承杆,安设四台千斤顶,每根柱一条油路,直接由网架上操作台控制,滑模装置同常规方法。

(2)滑升时,利用网架结构当作滑模操作平台随同滑升到柱顶就位,网架每提升一节,用水平仪、经纬仪检查一次水平度和垂直度,以控制同步正位上升。

(3)网架提升到柱顶后,将钢筋混凝土连系梁与柱头一起浇筑混凝土,以增强稳定性。

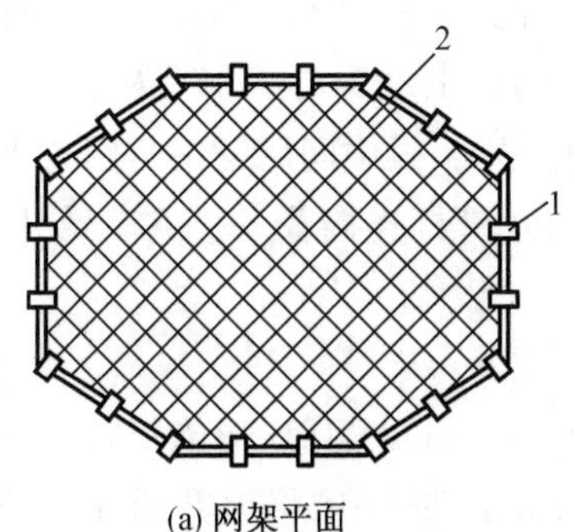

(a) 网架平面

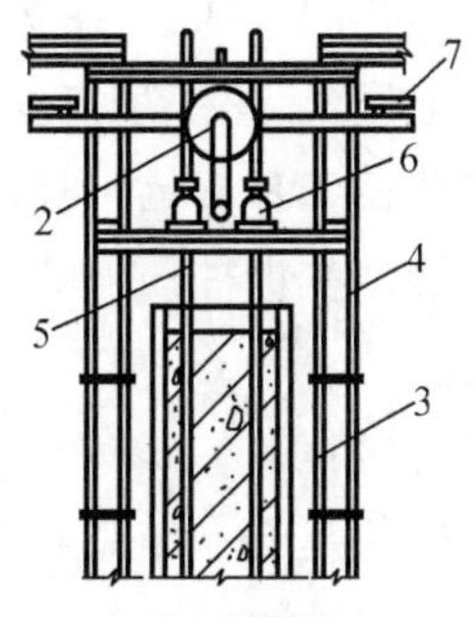

(b) 滑模装置

1—柱;2—网架;3—滑动模板;4—提升架;5—支承杆;6—液压千斤顶;7—操作台。

图 2.46　滑模提升法

本法不用吊装设备,可利用网架作滑模操作平台,节省设备和脚手费用,且施工简便、安全,但需整套滑模设备网架随滑模上升,安装速度较慢。该方法适于安装跨度 30 ~ 40 cm 的中、小型网架屋盖。

7. 升板机提升法

本法是指网架结构在地面上就位拼装成整体后,用安装在柱顶横梁上的升板机,将网架垂直提升到设计标高以上,安装支承托梁后,落位固定。本法不需大型吊装设备,机具和安装工艺简单,提升平稳,提升差异小,同步性好,劳动强度低,功效高,施工安全,但需较多提升和临时支承钢柱、钢梁,准备工作量大,适用于跨度 50 ~ 70 m,高度 4 m 以上,质量较大的大、中型周边支承网架屋盖。

(1) 提升设备布置

在结构柱上安装升板工程用的电动穿心式提升机,将地面正位拼装的网架直接整体提升到柱顶横梁就位,如图 2.47 所示。

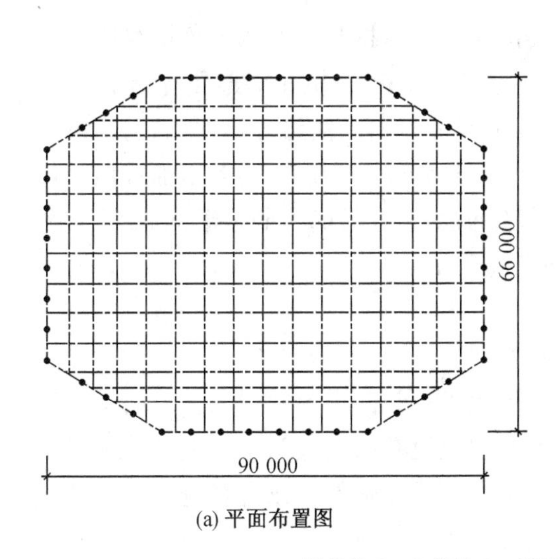

(a) 平面布置图

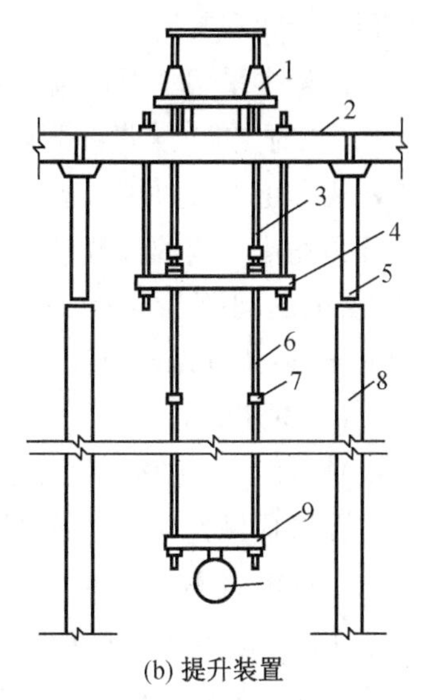

(b) 提升装置

1—提升机;2—上横梁;3—螺杆;4—下横梁;5—短钢柱;
6—吊杆;7—接头;8—柱;9—横吊梁;10—支座钢球。

图 2.47　升板机提升法示意图

提升点设在网架四边,每边7~8个。提升设备的组装是在柱顶加接短钢柱,上安工字钢上横梁,每一吊点安放一台300 kN电动穿心式提升机,提升机的螺杆下端连接多节长1.8 m的吊杆,下面连接横吊梁,梁中间用钢销与网架支座钢球上的吊环相连接。在钢柱顶上的上横梁处,又用螺杆连接着一个下横梁,作为拆卸杆时的停歇装置。

(2) 提升过程

当提升机每提升一节吊杆后(升速为3 cm/min)用U形卡板塞入下横梁上部和吊杆上端的支承法兰之间,卡住吊杆,卸去上节吊杆,将提升螺杆下降与下一节吊杆接好,再继续上升,如此循环往复,直到网架升至托梁以上,然后把预先放在柱顶牛腿的托梁移至中间就位,再将网架下降于托梁上,即告完成。

网架提升时应同步,每上升60~90 cm观测一次,控制相邻两个提升点高差不大于25 mm。

8. 顶升施工法

本法是利用支承结构和千斤顶将网架整体提升到设计位置,如图2.48所示。本法设备简单,不用大型号吊装设备,顶升支承结构可利用结构永久性支承柱,拼装网架不需搭设拼装支架,可节省大量机具和脚手架、支墩费用,降低施工成本;操作简便、安全,但顶升速度较慢,对结构顶升的误差控制要求严格,以防失稳。该方法适于安装多支点支承各种四角锥网架屋盖。

(1)顶升设备

顶升用的支承结构一般多利用网架的永久性支承柱,或在原支点处或其附近设置临时顶升支架。顶升千斤顶可采用普通液压千斤顶或螺栓千斤顶,要求各千斤顶的行程和起重速度一致。

网架多采用伞形柱帽的方式,在地面按原位整体拼装。由四根角钢组成的支承柱(临时支架)从腹杆间隙中穿过,在柱上设置缀板作为搁置横梁、千斤顶和球支座用。上下临时缀板的间隙根据千斤顶的尺寸、冲程、横梁等尺寸确定,应恰为千斤顶适用行程的整数倍,其标高偏差不得大于5 mm,如用320 kN普通液压千斤顶,缀板的间距为420 mm,即顶一个循环的总高度为420 mm,千斤顶分3次(150 mm+150 mm+120 mm)顶升到该标高。

(2)顶升操作

顶升时,每一顶升循环工艺过程如图2.49所示。

顶升应做到同步,各顶升点的升差不得大于相邻两个顶升用的支承结构间距的1/1 000,且不大于30 mm,在一个支承结构上设有两个或两个以上千斤顶时不大于10 mm。当发现网架偏移过大,可采用在千斤顶垫斜垫或有意造成反向升差逐步纠正。同时,顶升过程中,网架支座中心对柱基轴线的水平偏移值不得大于柱截面短边尺寸的1/50及柱高的1/500,以免导致支承结构失稳。

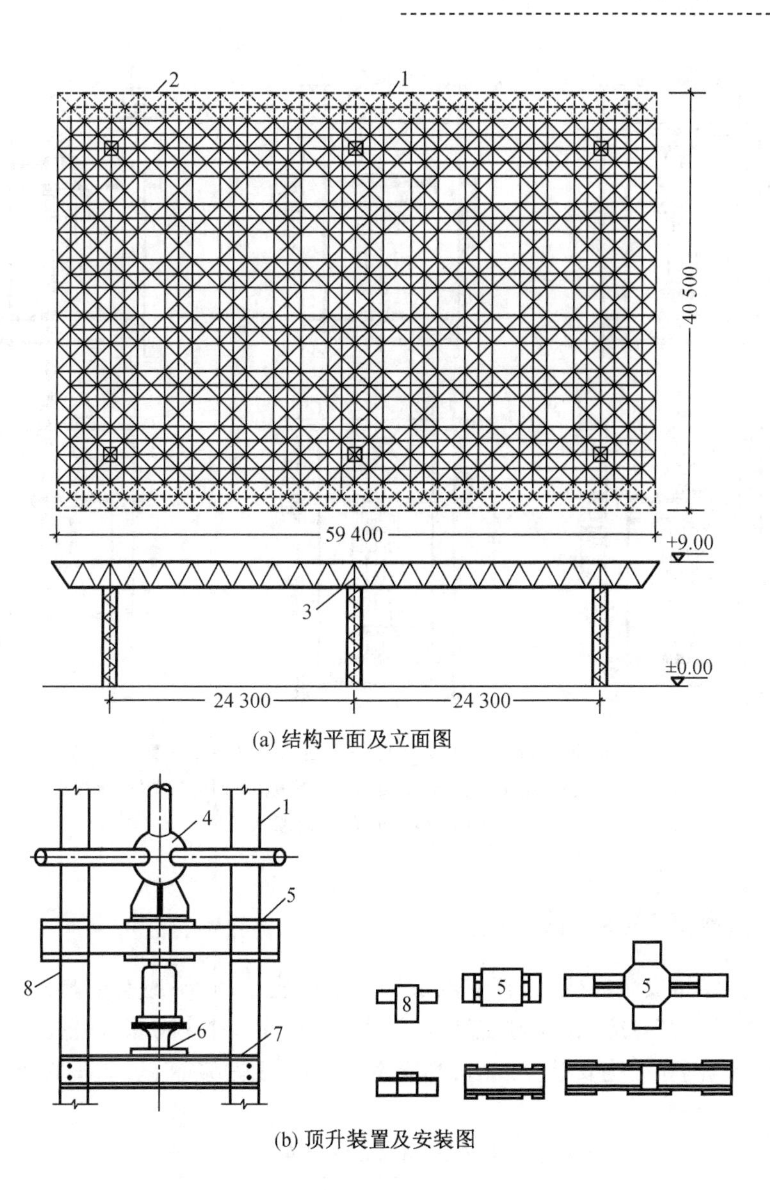

(a) 结构平面及立面图

(b) 顶升装置及安装图

1—柱；2—网架；3—柱帽；4—球支座；5—十字梁；6—横梁；7—下缀板；8—上缀板。

图 2.48　某网架顶升施工图

（3）升差控制

顶升施工中同步控制主要是为了减少网架的偏移，其次才是为了避免引起过大的附加杆力。而提升法施工时，升差虽然也会造成网架的偏移，但其危害程度要比顶升法小。

顶升时，网架的偏移值需要纠正时，可采用千斤顶垫斜或人为造成反向升差逐步纠正，切不可操之过急，纠偏时柱的柔度、弹性变形又给纠偏以干扰，因而纠偏的方向及尺寸并不完全符合主观要求，不能精确地纠偏。故顶升施工时应以预防网架偏移为主，顶升时必须严格控制升差并设置导轨。

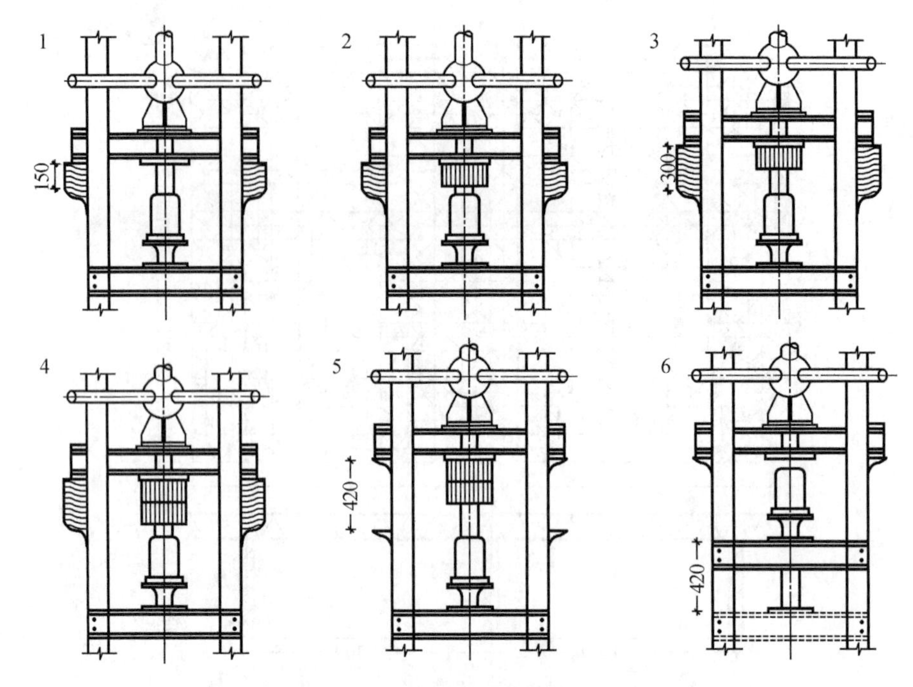

1—顶升 150 mm,两侧垫上方形垫块;2—回油,垫圆垫块;3—重复1过程;
4—重复2过程;5—顶升 120 mm,安装两侧上缀板;6—回油,下缀板升一级。

图 2.49 顶升过程图

五、钢网架安装质量检验

钢网架结构安装完成后,其节点及杆件表面应干净,不应有明显的疤痕、泥沙和污垢,螺栓球节点应将所有接缝用油泥子填嵌严密,并应将多余螺孔封口。

钢网架、网壳结构安装完成后,其安装的允许偏差应符合表 2.8 的规定。

表 2.8 钢网架、网壳结构安装的允许偏差 (单位:mm)

项目	允许偏差
纵向、横向长度	$\pm l/2\,000$,且应不超过 ±40.0
支座中心偏移	$l/3\,000$,且不大于 30.0
周边支承网架、网壳相邻支座高差	$l_1/400$,且不大于 15.0
支座最大高差	30.0
多点支承网架、网壳相邻支座高度	$l_1/800$,且不大于 30.0

注:l 为纵向或横向长度;l_1 为相邻支座距离。

任务 2.4　压型金属板的安装

【学习任务单】

学习领域	钢结构制作与安装	
下篇	钢结构现场安装施工	学时
学习任务 2.3	压型金属板的安装	4
学习目标	1. 知识目标 (1)掌握压型金属板的安装方法 (2)掌握压型金属板的安装步骤 2. 能力目标 (1)能正确地根据相关要求编制压型金属板安装工艺流程 3. 素质目标 (1)培养学生严谨认真的工作态度 (2)培养学生具有安全施工意识 (3)培养学生具有团队协作意识	
学习资源	教材、多媒体课件、教学动画、教学录像、任务单等	
学习要求	1. 认真进行课前预习,充分利用学习资源 2. 充分发挥团队合作精神,正确完成学习任务 3. 相互学习,相互借鉴,提高学习效率	

任务导学：压型金属板的安装

一、技术准备

根据已经选定的压型板宽度、结构设计的楼板承载要求及建筑分隔,在图纸上预先排布压型钢板,从而确定板材的加工长度、数量,给出材料编号和采购清单,实际施工时据此安装压型钢板。

压型钢板排版图应当包含以下内容:标准层压型钢板排布图,非标准层压型钢板排布图, 标准节点做法详图,个别节点做法详图,压型钢板编号、材料清单等。

根据设计文件、施工组织设计和压型钢板的排布图的有关要求和内容编制压型钢板施工作业指导书和有关安全、技术交底文件,根据责任范围和施工内容发给有关工段和个人,进行严格的作业交底。

对组合式压型钢板模板,在安装前应制定栓钉焊工艺。

二、材料要求

压型钢板是以冷轧薄钢板为基板,经镀锌后或覆以彩色涂层再经辊弯成型的波纹板材。

压型钢板表面不允许有裂纹、裂边、腐蚀、穿通气孔、硝盐痕。板材厚度大于0.6 mm时,表面不允许有扩散斑点,基材表面允许有轻微的压过划痕,但不得超过板材厚度的允许负偏差。

压型钢板根据其波形截面可分为:

①高波板,波高大于75 mm,适用于屋面板;

②中波板,波高50~70 mm,适用于楼面板及中小跨度的屋面板;

③低波板,波高小于50 mm,适用于墙面板。

在作为建筑物的维护板材及屋面与楼面的承受板材时,镀锌压型钢板可用于无侵蚀和弱侵蚀环境,并应根据侵蚀条件选用相应的涂层系列。

压型钢板的屋面坡度可在1/20~1/6之间选用,当屋面排水面积较大或地处大雨量区及板型为中波板时,宜选用1/12~1/10的坡度;当选用长尺高波板时,可选用1/20~1/15的屋面坡度;当为扣压式或咬合式压型板(无穿透板面紧固件)时,可用1/20的屋面坡度;对暴雨和大雨量地区的压型板屋面应进行排水验算。

一般永久性大型建筑选用的屋面承受压型钢板宽度与基板宽度之比为覆盖系数,应用时在满足承载力级刚度的条件下宜尽量选用覆盖系数大的板型。

压型钢板的基板应保证抗拉强度、屈服强度、延伸率、冷弯试验合格,以及硫(S)、磷(P)的极限含量。焊接时,保证碳(C)的极限含量、化学成分与物理性能满足要求。

由于压型钢板在建筑上用于楼板永久性支承模板,并和钢筋混凝土叠合共同工作,因此不仅要求力学性能、防腐性能,而且要求防火能力满足设计和规范的要求。

压型钢板施工使用的材料主要有焊接材料,如E43××的焊条、用于局部切割的干式云石机锯片、手提式砂轮片等。所有这些材料均应符合有关的技术、质量和安全的专门规定。

由于压型钢板厚度较小,为避免施工焊接固定时焊接击穿,焊接时可采用ϕ2.5 mm、ϕ3.2 mm等小直径的焊条;用于局部切割的云石锯片和手提式砂轮机砂轮片的半径宜大于所使用的压型钢板波形高度。

压型钢板涂层表面不允许有气泡、划伤、漏涂、颜色不均匀等缺陷。对原材料质量有疑义时需进行抽样复验。栓钉是组合楼层结构的剪力连接件,用以传递水平载荷到梁柱框架上,它的规格、数量按楼面与钢梁连接处的剪力大小确定。栓钉直径有13 mm、16 mm、19 mm、22 mm四种。

三、主要机具

压型钢板所需的起吊机械由钢结构安装确定。压型钢板施工的专用机具有压型钢板电焊机,其他施工机具有手提式或其他小型焊机、空气等离子切割机、云石机、手提式砂轮机、钣工剪刀等(表2.9)。

表 2.9　压型钢板用主要机具

序号	机具名称	用途
1	空气等离子弧切割机	切割压型钢板或封口板
2	空气压缩机	提供压缩空气给切割机
3	手工电弧焊	用于焊接
4	经纬仪	放线测量
5	水平仪	放线测量
6	钢尺	量距
7	盒尺	量距
8	钢板直尺	下料量距
9	钢直角尺	下料量距
10	水平标尺	检查平整度
11	游标卡尺	检查压型钢板厚度
12	手锤	安装
13	记号笔	画线
14	钢板对口钳	压紧压型钢板
15	墨斗	防线
16	铅丝	掉直板拉线
17	塞尺	检查板缝
18	铁圆规	压型板开孔
19	角度尺	下料
20	吊具	
21	吊笼	装配料用
22	对讲机	装配料用

四、操作工艺

1. 工艺流程

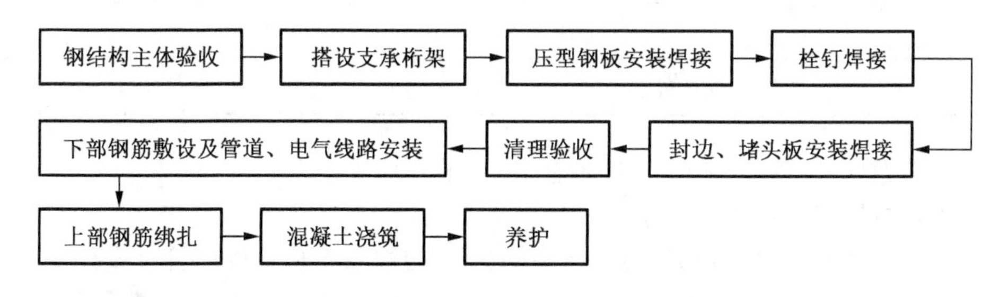

2. 操作细则

(1)铺设前对弯曲变形的压型钢板应予矫正,梁顶面杂物要清理干净,严防受潮。

(2)因结构梁是由钢梁通过剪力栓与混凝土楼面结合而成的组合梁,在浇筑混凝土并达到一定强度前,抗弯强度和刚度较差,不足以支承施工期间楼面混凝土的自重,通常需在压型钢板的底部设置简单钢管排架支承或桁架支承,采用连续四层楼面支承的方法,使四个楼层的结构梁共同支承楼面混凝土的自重。一般在铺板前支搭,当楼板混凝土浇筑强度达到足够的强度后,方可拆除。

(3)铺设时,变截面梁处,一般从梁中间向两端进行,至端部调整补缺;等截面梁处,则可从一端开始,至另一端调整补缺。

(4)铺设时,波纹要对正,以便于连续梁钢筋在波内穿通。板与梁搭接在凹槽部位,以便焊接。如排板有偏差,用板间搭接宽度进行调整。

(5)当压型钢板铺过钢梁时,要及时放出梁的中心线,以便于确定栓钉焊的准确位置。

(6)压型钢板铺设后,将两端对称点焊于钢梁翼缘上,用栓焊枪进行剪力栓钉焊接。

(7)楼面混凝土施工程序由下而上、逐层支承、顺序浇筑。施工时,钢筋绑扎和模板支承可同时交叉进行,混凝土采用泵送浇筑。

五、质量标准

1. 主控项目

(1)钢压型钢板、泛水板和包角板等应固定可靠、牢固,防腐涂料涂刷和密封材料敷设应完好,连接件数量、间距应符合设计要求和国家现行有关标准规定。

检查数量:全数检查。

检验方法:观察和尺量检查。

(2)压型钢板应在支承构件上可靠搭接,搭接长度应符合设计要求,且不应小于表2.10所规定的数值。

表2.10　压型钢板在支承构件上的搭接长度　(单位:mm)

项目		搭接长度
屋面、墙面内层板		80
屋面外层板	屋面坡度≤10%	250
	屋面坡度>10%	200
墙面外层板		120

检查数量:按搭接部位总长度抽查10%,且不应少于10 m。

检验方法:观察和用钢尺检查。

(3)组合楼板中压型钢板与主体结构(梁)的锚固支承长度应符合设计要求,且在钢梁上的搭接长度不应小于50 mm,在混凝土梁上的支承长度不应小于75 mm,端部锚固件连接应可靠,设置位置应符合设计要求。

检查数量:沿连接纵向长度抽查10%,且不应少于10 m。

检验方法:尺量检查。

(4)组合楼板中压型钢板侧向在钢梁上的搭接长度不应小于25 mm,在设有预埋件的混凝土梁或砌体墙上的搭接长度不应小于 50 mm；压型钢板铺设末端距钢梁上翼缘或预埋件边不大于 200 mm 时，可用收边板收头。

检查数量：沿连接纵向长度抽查 10%，且不应少于 10 m。

检验方法：尺量检查。

(5)压型钢板屋面、墙面的造型和立面分格应满足设计要求。

检查数量：全数检查。

检查方法：观察和尺量检查。

(6)压型钢板屋面应防水可靠，不得出现渗漏。

检查数量：全数检查。

检验方法：观察检查和雨后或淋水检验。

2. 一般项目

(1)压型钢板安装应平整、顺直，板面不应有施工残留物和污物。檐口和墙面下端应呈直线，不应有未经处理的错钻孔洞。

检查数量：按面积抽查 10%，且不应少于 10 m^2。

检验方法：观察检查。

(2)压型钢板、泛水板、包角板和屋脊盖板安装的允许偏差应符合表 2.11 的规定。

表 2.11　压型钢板、泛水板、包角板和屋脊盖板安装的允许偏差　（单位：mm）

项目		允许偏差
屋面	檐口、屋脊与山墙收边的直线度 檐口与屋脊的平行度(如有) 泛水板、屋脊盖板与屋脊的平行度(如有)	12.0
	压型钢板板肋或波峰直线度 压型钢板板肋对屋脊的垂直度(如有)	$L/800$，且不应大于 25.0
	檐口相邻两块压型钢板端部错位	6.0
	压型钢板卷边板件最大波浪高	4.0
墙面	竖排板的墙板波纹线相对地面的垂直度	$H/800$，且不应大于 25.0
	横排板的墙板波纹线与檐口的平行度	12.0
	墙板包角板相对地面的垂直度	$H/800$，且不应大于 25.0
	相邻两块压型钢板的下端错位	6.0
组合楼板中压型钢板	压型钢板在钢梁上相邻列的错位 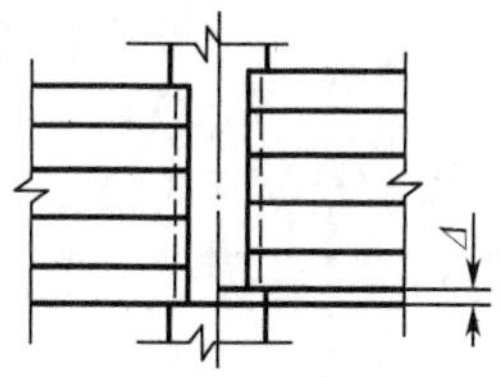 Δ	15.0

注：L 为屋面半坡或单坡长度；H 为墙面高度。

检查数量:每20 m长度抽查1处,不应少于3处。

检验方法:用拉线、吊线和钢尺检查。

六、应注意的质量问题

(1)压型钢板铺设需放线下料,切口、开孔时,应采用等离子切割机下料,严禁用乙炔氧气切割,以防止变形。较大孔洞切割需四周支模,待混凝土达到一定强度后进行。

(2)采用非定型压型钢板时,需经试验鉴定合格后方可正式加工。

(3)采用镀锌板焊接时,应有除锌措施。

(4)压型钢板端头设有锚固钢筋时,应有堵头板同时焊接。

(5)铺设压型钢板施工人员应经培训,合格后方能上岗操作。

七、成品保护

(1)压型钢板在装卸起吊时,严禁用钢丝绳捆绑直接起吊;运输堆放应设足够的支点,以防止变形;较长的压型钢板运输时,应加设支承架,并按材质、板型分别堆放,周围设排水沟,防止积水。

(2)吊入楼层的压型钢板应分开放置,防止载荷过于集中,并尽量减少压型板铺设后的附加载荷,以防变形。

(3)压型钢板经验收后方可交下一道工序施工,凡需开设孔洞处,不得用力凿冲,导致开焊或变形。开较大孔洞时应采取加固补强措施。

八、安全健康与环境管理

施工过程危害辨识评价及控制措施见表2.12。

表2.12　施工过程危害辨识评价及控制措施

序号	主要来源	可能发生的事故或影响	风险级别	控制措施
1	起重机械	机械伤害、物体打击	大	1.设置安全警戒区域,无关人员禁止入内 2.按程序审批吊装方案,并进行认真技术交底
2	高处作业	高处坠落	大	1.配置和带好安全三宝:安全帽、安全带、安全网 2.四周设安全围栏,采取防滑措施 3.遵守有关作业安全规程

环境因素辨识评价及控制措施见表2.13。

表 2.13　环境因素辨识评价及控制措施

主要来源	可能的环境影响	影响程度	控制措施
噪声	扰民，损伤听力，影响人体内分泌而引发各种疾病，影响语言交流	一般	必要时采取隔音措施

拓展学习

钢结构现场施工安全

一、安全隐患

在施工中能引发安全意外事件和伤亡事故的现存问题称为“安全隐患”。

1. 安全隐患的构成

在安全意外事故的5个基本要素中，“有害物”和“伤害方式”只有在事故发生时表现出来。因此，有不安全状态、不安全行为和起因物的存在时，就构成了安全隐患。其构成方式有3种情况，见表2.14。

表 2.14　安全隐患的构成方式

类别	安全隐患的构成方式
第一种	不安全状态＋起因物
第二种	不安全行为＋起因物
第三种	不安全状态＋不安全行为＋起因物

2. 安全隐患的分类

国家有关安全主管部门还未对安全隐患的分级做出明确的规定和解释，但在一些相关文件中提到了“重大安全隐患”。因此，可以把安全隐患大致分为三级：重大安全隐患、严重安全隐患和一般安全隐患，见表2.15。

表 2.15　安全隐患的分级

级别	解释
重大安全隐患	可能导致重大伤亡事故发生的隐患，包括在工程建设中可能导致发生二级以上工程建设重大事故的安全隐患
严重安全隐患	可能导致死亡事故发生的安全隐患，包括在工程建设中可能导致发生四级至二级工程建设重大事故的安全隐患
一般安全隐患	可能导致发生重伤以下事故的安全隐患，包括未列入工程建设重大事故的各类安全意外事故

钢结构的缺陷有先天性的材质缺陷和后天性设计、加工制作、安装和使用缺陷。无论工作怎样精益求精,缺陷也是在所难免的。但缺陷有大小之分,当超过了有关规范的要求时,缺陷将对钢结构的各项性能构成有害影响,成为事故的潜在隐患,因此必须对缺陷进行处理和预防。

二、钢结构施工的安全要点

钢结构建筑施工,安全问题十分突出,应该采用有力措施保证安全施工。施工安全要点如下:

(1)在柱、梁安装后而未设置浇筑楼板用的压型钢板时,为了柱子螺栓施工的方便,需在钢梁上铺设适当数量的走道板。

(2)在钢结构吊装时,为防止人员、物料和工具坠落或飞出造成安全事故,需铺设安全网(平网和竖网)。安全平网设置在梁面以上2 m处,当楼层高度小于4.5 m时,安全平网可隔层设置。安全平网要求在建筑平面范围内满铺。安全竖网铺设在建筑物外围,防止人和物飞出造成安全事故。竖网铺设的高度一般为两节柱高。

(3)为便于接柱施工,在接柱处要设操作平台。平台固定在下节柱的顶部。

(4)钢结构施工需要许多设备,如电焊机、空压机、氧气瓶、乙炔瓶等,这些设备需随着结构安装而逐渐升高。为此,应在刚安装的钢梁上设置存放设备用的平台。设置平台的钢梁,不能只投入少量临时螺栓,而需将紧固螺栓全部投入并拧紧。

(5)为便于施工登高,吊装柱子前要先将登高钢梯固定在钢柱上。为便于进行柱梁节点紧固高强度螺栓和焊接,需在柱梁节点下方安装挂篮脚手。

(6)施工用的电动机械和设备均需接地,绝不允许使用破损的电线和电缆,严防设备漏电。施工用电气设备和机械的电缆,需集中在一起,并随楼层的升高而逐节升高。每层楼面应分别设置配电箱,供每层楼面施工用电需要。

(7)高空施工,当风速为10 m/s时,如未采取措施,吊装工作应该停止。当风速达到15 m/s时,所有施工均应停止。

(8)施工时还应注意防火,提供必要的灭火设备和消防人员。

三、钢结构安全的作业要求

实施安全的施工作业和操作的基本要求是规范和实施安全行为,避免发生不安全行为,以减少事故的发生。

1. 钢结构安全作业的基本要求

了解和掌握进行作业的施工要求和技术要求,既是确保工程质量,也是确保操作安全的需要。特别是对于有新工艺、新技术、新材料、新设备使用的作业项目,应认真仔细地听取技术或专业主管人员的技术和安全交底,努力掌握各操作细节的要求。对于复杂和要求高的操作,还应经过严格的技术培训并达到操作水平的要求。作业人员对于自己没干过或不熟悉的操作,一定要通过认真学习和作业培训来解决,而不能照搬其他专业经验。严格按照操作规程所规定的程序、要点和要求进行操作。提高操作技术水平和处理操作中出现问题的能力。要能及时发现机械设备、脚手架等作业设施中的异常情况、故障乃至事故的征兆，避免设备带病运行和冒险作业。

注意自我保护和保护他人安全。在操作中应注意自己的站位、动作控制以及使用安全防护用品，做好自我保护，同时还要注意使自己的操作不要影响别人的安全，也要注意保护他人。

施工作业的安全操作技术是安全文明施工技术在具体操作中的落实。而只有把安全文明施工的要求变为工人操作时的具体规定并为工人所掌握和自觉运用与遵守时，安全文明施工的各项要求才能得以落实和实现。

2. 钢结构安全作业要求

（1）防止落物、掷物伤害

在交叉作业，特别是多层垂直交叉作业的情况下，由于操作者行为上的不慎，极易发生因落物或抛物造成的伤害，因此应特别注意做好以下几点：

①防止工具和零件掉落。作业工人应使用工具袋或手提的工具盒（箱），将工具和小零件放入工具袋（盒、箱）中，随用随取，避免在架上乱放。

②防止架上材料、物品掉落。作业层面上的材料应堆放整齐和稳固，易发生散落的材料，可视其情况采用捆扎或使用专用夹具、盛器，使其不会发生掉落。此外，作业层满铺脚手架并在其外侧加设挡板，是防止材料、物品掉落的另一有效措施。

③防止施工中的废弃物掉落。可在作业层上铺设胶合板、铁皮、油毡等接住施工中掉落的砖块、灰浆、混凝土等，然后将施工废弃物收入袋中或容器中吊运。

④禁止抛掷物料。往架上供应材料、物品或是由架上清走材料、物品，都应当采用安全的传递和运输方式，禁止上下抛掷。

（2）防止碰撞伤害

在交叉施工中，由于人员多、作业杂，极易在搬运材料和施工操作之中出现各种形式的碰撞伤害或损害，包括碰撞人、脚手架、支撑架、设备和正在施工中的工程。为了避免发生碰撞伤（损）害，应注意以下几点：

①施工中所用的较大、较重和较长的材料、物品，宜安排在施工间歇期间或在场人员较少时进行。在运输的方式和人力、机械的安排上应能保证运输的安全，避免出现把持不住、晃动、拖带等易导致碰撞的状态出现。

②供应工作应有条不紊、避免匆忙混乱。在施工中常会发生因待料或紧急需要提出的急供要求，此时供料者会只顾尽快地将物料运上去而忽视发生碰撞的情况，因此要求越急越要沉着稳重，才能避免忙中出事。

③在运输材料时，应注意及时请在场人员配合，必要时可设专门指挥、开路人员。

（3）防止作业伤害

这里的作业伤害是指作业者在操作时对别人造成的意外伤害，例如焊工突然引弧电焊，使在近处和通过的人员受电弧光伤害；木工用力撬拆模板和支撑时撞到别人；挥动长的工具脱手时伤及别人等。此类情况常以各种形式发生，因此应当注意以下几点：

①在进行作业操作时,应先环顾周围人员情况,必要时,可请别人暂时躲避一下,以免发生误伤事故。

②采取必要的防护措施,例如设置电焊作业时的挡弧光围挡等。

③安全进行作业操作。

3.钢结构各工种安全作业要求

(1)架子工

①架上作业人员必须佩挂安全带并站稳把牢。

②未设置第一排连墙件前,应适当设抛撑以确保架子的稳定和架上作业人员的安全。

③在架上传递、放置杆件时,应注意防止失衡。

④安装较重的杆部件或作业条件较差时,应避免单人单独操作。

⑤剪刀撑、连墙件及其他整体性拉结杆件应随架子的高度的上升及时装设,以确保整架稳定。

⑥搭设途中,架上不得集中(超载)堆置杆件材料。

⑦搭设中应统一指挥、协调作业。

⑧确保构件的尺寸、杆件的垂直度和水平度、节点构造和紧固程度符合设计要求。

⑨禁止使用材质、规格和缺陷不符合要求的杆配件。

⑩按与搭设相反的程序进行拆除作业。

⑪凡已松开连接的杆件必须及时取出、放下,以免误扶、误靠,引起危险。

⑫拆下的杆件和脚手板应及时吊运至地面,禁止自架上向下抛掷。

(2)油漆工

①用喷砂除锈时,喷嘴接头要牢固,不准对着人;喷嘴堵塞时,应消除压力方可修理或更换。

②使用煤油、汽油、松香水、丙酮等调配漆料时,应佩戴好防护用品并严禁吸烟。

③在室内或容器内喷涂时要确保通风良好,且作业周围不许有火种。

④引静电喷涂时,喷涂间应有接地保护装置。

⑤刷外开窗时,必须佩戴安全带,刷封檐板应设置脚手架,铁皮坡屋面上刷油时,应使用活动板、防护栏杆和安全网。

(3)电焊工

①电焊机外壳必须接地良好,并应设单独开关,焊钳和把线必须绝缘良好、连接牢固。

②严禁在带压力的容器和管道上施焊,焊接带电的设备必须切断电源,焊接贮存过易燃、易爆和有毒物质的容器和管道时,应先清洗干净并将所有孔口打开。在潮湿地点施焊时,应站在绝缘板或木板上。

③把线、地线禁止与钢丝绳接触,不得以钢丝绳和机电设备代替零线,所有地线接头必须连接牢固。

④清除焊渣时应戴防护眼镜和面罩。

⑤多台焊机在一起集中焊接时,焊接平台或焊件必须接地,并设置隔光板。

⑥雷雨时应停止露天电焊作业。

⑦在易燃、易爆气体或液体扩散区域施焊前,必须得到有关部门的检试许可。

⑧施焊时,应清楚周围的易燃、易爆物品或进行可靠覆盖、隔离;电焊结束后,应切断焊机电源并检查操作地点,确认无起火危险后,方可离开。

(4)气焊工

①施焊场地周围应清除易燃、易爆物品或进行隔离覆盖。

②在易燃、易爆气体或液体扩散区域施焊时,应取得有关部门的检试许可。

③乙炔发生器必须设有防止回火的装置、保险链,球式浮桶必须有防爆球,浮桶的胶皮薄膜应厚 1 ~ 1. 5 mm,面积不少于浮桶面积的 60% ~ 70% 。

④乙炔发生器的零件和管路接头不得采用紫铜制作,不得放置在电线的正下方,与氧气瓶不得同放一处,与易燃、易爆物品和明火的距离不得小于 10 m,检验漏气应用肥皂水,严禁用明火。

⑤氧气瓶、氧气表和割焊工具上严禁沾染油脂。

⑥氧气瓶应设防震胶圈,旋紧安全帽,避免碰撞和剧烈震动,防止曝晒。

⑦氧气瓶、乙炔器胶管和防回火安全装置冻结时,应用热水或蒸汽加热解冻,严禁用火烘烤。

⑧点火时,枪口不得对准人,正在燃烧的焊枪不得放在工件或地面上。带有乙炔和氧气时,不准放在金属容器内,以防气体逸出,发生燃烧事故。

⑨工作完毕,应将氧气瓶气阀关好,拧上安全罩,将乙炔发生器按规定收放好,检查场地并确认无着火危险时,方可离开。

(5)起重工

①起重指挥员应站在能够照顾全面的地点,信号要统一、准确。

②风力达 5 级时,应停止 80 t 以上设备和构件的吊装。

③严禁所有人员在起重臂和吊起的重物下面停留或行走。

④卡环应使其长度方向受力,严防销卡环的销子滑落,严禁使用有缺陷的卡环。

⑤起吊物件应使用交互捻制的钢丝绳,有扭结、变形、断丝和锈蚀的钢丝绳应及时按规定降低使用标准或报废。

⑥编结绳扣的编结长度不得小于钢丝绳直径的 15 倍和 300 mm,用卡子连成绳套时,卡子不得少于 3 个。

⑦地锚应按施工设计确定的位置和规格设置。

⑧按规定的间距和数量使用绳卡,并应将加压板放在长头一面。

⑨使用两根以上绳扣吊装时,如绳扣间的夹角大于 100°,应采取防止滑钩的措施。

⑩用 4 根绳扣吊装时,应加铁扁担以调节松紧程度。

⑪使用的开口滑轮必须扣牢。

⑫起吊物件应合理设置溜绳。

⑬组装桅杆利用芒刺对孔。

⑭捆绑转向或定滑轮的捆绕数不宜过多,应排列整齐,使其受力均匀。

⑮缆风绳应布置合理,松紧均衡,跨越马路时的架空高度应不低于7 m,与高压电线间应有可靠的安全距离。如需跨过高压线时,应采取停电、接地和搭设防护架等安全措施。

⑯定点桅杆应设5根缆风绳,最少不得少于3根,并禁止多设层缆。

⑰桅杆移动倾斜时,其相对高度:当采用间歇法移动时,不宜大于桅杆高度的1/5;当采用连续法移动时,应为桅杆高度的1/20～1/15。移动时,相邻缆风绳要交错移位。

⑱装运易倒构件应采用专用架子,卸车后应放稳搁实,支撑牢固。

⑲就位的屋架应搁置在木道或方木上,两侧斜撑一般不少于3道,紧张斜靠在柱子上。

⑳使用抽销卡环吊构件时,卡环主体和销子必须系牢在绳扣上,严禁在卡环下方拉销子。

㉑无缆风校正柱子时应随吊随校正,但偏心较大、细长、杯口深度不是柱子长度的1/20或不足60 cm时,禁止采用无缆风校正。

㉒禁止将吊件放在板形物件上起吊。

㉓吊装时不易放稳的构件应采用卡环,不得使用吊环。

4. 钢结构机械设备安全作业要求

在钢结构施工生产中将会较多地使用机械设备。工程施工中需要解决的任何技术课题和要求,最终都将转化为对工艺、材料和机械三方面的要求。因此,建筑施工机械设备安全使用是安全施工和管理的重要组成部分。

机械使用安全操作的基本要求有:

(1)解决满足机械安全使用要求的有关条件。这是使用机械的首要问题,其要求条件一般包括以下方面:

①运行和工作场地。

②基础和固定、停靠要求。

③机械运(动)作范围内无障碍要求。

④动力电源和照明条件要求。

⑤辅助和配合作业要求。

⑥对操作工人的要求。

⑦配件和维修要求。

⑧对停电和天气变化等事态出现时的要求。

⑨指挥和协调要求。

由于施工工地的现有条件不一定都能满足上述各项要求,因此必须采取相应措施和办法加以解决。有时常会因此而出现一些困难甚至是较大的困难,但一定要解决,并且不能降低机械安全运行和使用的要求。否则,将极易引发事故、损坏机械,从而招致远远超过必要投入的经济损失。

(2)对进场的所有施工机械设备进行认真的检查和验收。这是确保机械设备安全运行的基础。其检查验收项目一般包括:

①查验机械设备的产品生产许可证、合格证、保修证、使用和维修说明书、操作规程(定)、维修合格证、主管部门验收合格证明以及有关图纸和其他资料。这些资料不仅是机械完好的证明材料,也是编制措施和安全使用的依据,要求齐全和真实有效。不属施工项目管理的租赁和分包单位的机械则由租赁和分包单位进行检验并负管理责任。

②审验进场机械的安全装置和操作人员的资质证明,不合格的机械和人员不得进入施工现场。

③大型的机械设备如塔吊、搅拌站、固定式混凝土机械设备等,在安装前,工程项目应根据设备提供的设置要求和资料数据进行基础及有关设施的设计与施工,经验收合格后,交有资质的设备安装单位进行安装和调试,调试合格后办理验收、移交和允许使用手续。所有的机械设备的产品、维修和验收资料应由企业或项目的机械管理部门(或人员)统一管理并交安全管理部门备案。

(3)了解和掌握施工生产对该机械设备作业的技术要求。

(4)严格按照机械设备的操作规程(定)规定的程序和操作要求进行操作。在运行中还应严格地执行定时检查和日常检查制度,以确保机械设备的正常运行。

(5)提高操作技术水平和处理作业中出现问题的能力。发现问题时,应立即停机(车、设备)进行检查和维修处理,避免机械带病运作,以致酿成事故。

施工中常用机械设备等安全使用和操作要点可以从《建筑机械使用安全技术规程》(JGJ 33—2012)中查找。同时,应当注意主要安全使用和操作要求,在施工生产制订安全措施时,还应仔细学习上述规定并根据实际情况和需要进行必要的细化补充工作。

5. 高处安全作业要求

(1)高处作业的安全技术措施及其所需料具,必须列入人工的施工组织设计。

高空作业图片

(2)单位工程施工负责人应对工程的高处安全作业负责并建立相应的责任制。施工前,应逐级进行安全技术教育及交底,落实所有安全技术措施和人身防护用品,未经落实时不得进行施工。

(3)高处作业中的安全标志、工具、仪表、电气设施和各种设备,必须在施工前加以检查,确认其完好,方能投入使用。

(4)攀登和悬空高处作业人员以及搭设高处安全设施的人员,必须经过专业技术训练及专业考试合格,持证上岗,并必须定期进行身体检查。

(5)施工中对高处作业的安全技术设施,发现有缺陷和隐患时,必须及时解决;危及人身安全的,必须停止作业。

(6)施工作业场所所有可能坠落的物件,应一律先行撤除或加以固定。高处作业中所有的物料,均应堆放平稳,不妨碍通行和装卸。工具应随手放入工具袋;作业中的走道、通道板和登高用具,应随时清洁干净;拆卸下的物件及余料和废料均应及时清理运走,不得随意乱置或向下丢弃;传递物件禁止抛掷。

(7)雨天和雪天高处作业时,必须采取可靠的防滑、防寒和防冻措施。凡水、冰、霜均应及时清除。对进行高处作业的高耸建筑物,应事先设置避雷设施。遇有6级以上大风、浓雾等恶劣天气时,不得进行露天攀登与悬空高处作业,暴风雪及台风暴雨后,应对高处作业安全设施逐一检查,发现有松动、变形、损坏或脱落等现象,应立即修理完善。

(8)因作业需要必须临时拆除或变动安全防护设施时,须经施工负责人员同意,并采取相应的可靠措施,作业后应立即恢复。

(9)防护棚搭设与拆除时,应设警戒区,并应派专人监护。严禁上下同时拆除。

(10)高处作业安全设施的主要受力杆件,力学计算按一般结构力学公式,强度及挠度计算按现行有关规范进行,但钢受弯构件的强度计算不考虑塑性影响,构造上应符合现行相应规范的要求。

6. 防止高处坠落、物体打击的基本安全要求

(1)高处作业人员必须着装整齐,严禁穿硬塑料底等易滑鞋、高跟鞋,工具应随手放入工具袋。

(2)高处作业人员严禁相互打闹,以免失足发生坠落。

(3)在进行攀登作业时,攀登用具结构必须牢固可靠,使用必须正确。

(4)手持机具使用前应检查,确保安全牢靠。洞口临边作业应防止物件坠落。

(5)人员应从规定的通道上下,不得攀爬脚手架、跨越阳台,在非规定通道进行攀登、行走。

(6)悬空作业时,应有牢靠的立足点并正确系挂安全带;现场应视具体情况配置防护栏网、栏杆或其他安全措施。

(7)作业时,所有物料应该堆放平稳,不可放置在临边或洞口附近,不可妨碍通行。

(8)拆除作业时,对拆卸下的物料、建筑垃圾都要加以清理和及时运走,不得在走道上任意乱置或向下丢弃,保持作业走道畅通。

(9)作业时,不准往下或向上乱抛材料和工具等物。

(10)工作场所内,凡有坠落可能的任何物料,都应先行拆除或加以固定,拆除作业要求在设禁区、有人监护的条件下进行。

7. 防止触电伤害的基本安全操作要求

(1)严禁拆接电气线路、插头、插座、电气设备、电灯等。

(2)使用电气设备前必须要检查线路、插头、插座、漏电保护装置是否完好。

(3)电气线路或机具发生故障时,应找电工处理,非电工不得自行修理或排除故障。

(4)使用振捣器等手持电动机械和其他电动机械从事湿作业时,要由电工接好电源,安装上漏电保护器,操作者必须穿戴好绝缘鞋、绝缘手套再进行作业。

四、季节性施工技术措施

当出现雨、雪、大风或其他临时性停工的情况,必须临时支撑或拉索,以保证结构的整体稳定性。

1. 风雨季施工要点

(1)准备工作。安排专人每天收听气象台的天气预报和恶劣天气警报,及时做好气象情况的记录工作,一旦获悉有风雨等异常天气信息时,及时向项目应急机

构成员汇报,并密切跟踪最新进展,定期报告,为项目应急指挥提供及时、准确的信息。项目总指挥根据情况进展,适时组织人员值班和做好应急响应准备,并派人检查准备的落实情况。

(2)针对不同情况,在该季节来临时,对于塔吊、屋面、带电设备、高处物体的接地等工作提前做好准备。

(3)对于现场人员做好三防教育和应急处理措施培训,确保人员清楚应急机构的设置和联系办法。

(4)事先考虑人员、设备等的应急撤离方案。

(5)上料或吊装施工时,施工用塔吊要求有可靠的避雷接地措施,应测定接地电阻≤4 Ω;雨后及时检查塔吊的基础情况,大雨、暴雨以及大风天气要停止吊装作业;雨后进行吊装作业的高空施工人员,要注意防滑,要穿胶底鞋,不得穿硬底鞋进行高空操作;对施工现场内可能坠落的物体,一律事先拆除或加以固定,以防止物体坠落伤人。

(6)雨期施工期间要特别注意架子搭设的质量和安全要求,应经常进行检查,发现问题及时整改。立杆下设通长木方,架子设扫地杆、斜撑以及剪刀撑,并与建筑物拉结牢固;上人马道的坡度要适当,脚手板上绑扎防滑条;台风、暴雨后要及时检查脚手架的安全情况,如有问题,及时纠正。

(7)遇有风雨天气必须提前覆盖材料,并用铁丝固定。

(8)雨季必须做好机电设备的防雨、防潮、防淹、防霉烂、防锈蚀、防漏电、防雷击等项措施,要管理好、用好施工现场的机电设备。

露天放置的机电设备要注意防雨、防潮,对机械的转动部分要经常加油,并定期让其转动以防锈蚀。所有的机电设备都须有漏电保护装置。

施工现场比较固定的机电设备(如卷扬机、对焊机、电锯、电刨等)要搭设防雨棚或对电机加以保护。

施工现场的移动机电设备(如电焊机等)用完后应放回工地库房或加以遮盖防雨,不得露天淋雨,不得设在坑内或地势低洼处,以防止雨水浸泡、淹没。

机电设备的安装、电气线路的架设,必须严格按照有关规定执行。

施工用的电气开关要有防雨、防潮措施,使用的电动工具应采取双保险装置,即漏电保护装置和操作者使用的防触电保护用具,同时还应检查电线的绝缘层是否老化、破损、漏电,电线接头是否完好。电线不得浸泡在水中,也不得拴在钢筋、钢管等金属导电体上,要防止电线被踩、压、挤坏,以免发生触电伤亡事故。

各种机电设备要及时检修,如有异常及时处理。

2. 其他特殊状况下的措施

(1)高温天气施工措施:

①对于现场的各种材料,尤其是高温下易变形的材料应妥善保存。

②施工现场要有冷开水供应并配置一定的降温药品,保证现场工作人员的身体健康;生活区域要设置一定的降温措施,保证工人休息的舒适性。

③施工时间应早上提前,合理延长夜晚的施工时间,避开中午高温。

④通过对天气情况的掌握,及时安排好高温季节施工的连续性,防止因高温带

来质量与安全事故,从而使工程的工期、质量和安全得到有效的保证。

(2)为避免由于其他客观原因而造成的工地临时停水对工程施工造成重大影响,应提前做好准备,特别是人员饮用水、日常用水。

(3)工地临时停电,要提前考虑措施,除同总包联系应急用电外,要妥善安排人员进行其他非用电工作开展,以保证工程工期。

3.冬期和低温条件下施工

碳素结构钢在环境温度低于 -16 ℃、低合金结构钢在环境温度低于 -12 ℃时,不得进行冷矫正和冷弯曲,或用钢楔子、冲钉和链式手拉葫芦等强行使构件就位;热切割后不能立即将构件移动位置或捶打,焊接时采取必要的预热和后热措施。

施工现场
(微课)

工 程 案 例

某体育馆钢结构工程安装施工

本工程选自某体育馆钢结构工程安装施工。图 2.50 为现场总平面布置图。下面是该工程屋面螺栓球网架现场安装方案,供参阅学习。

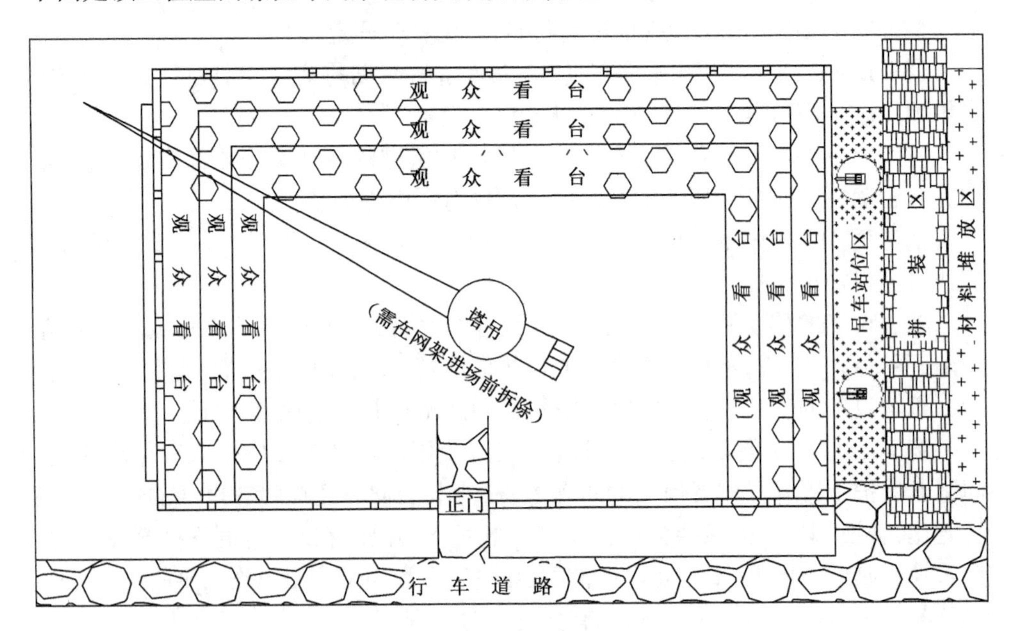

图 2.50　现场总平面布置图

根据本工程的施工特点和现场具体的施工环境分析,本工程主要有两种安装方案。

方案一:高空散装法

若对此工程使用高空散装法主要弊端有:工期长、使用的汽车吊吨位大、尺寸长度不容易控制、高空作业危险度增加。

方案二:高空滑移法

若对此工程使用高空滑移法主要优点有:工期短、减少高空作业量、经济费用低、操作简单方便、可确保工程质量。

一、安装前准备

(1)根据螺栓球网架施工图纸及有关技术文件编制螺栓球网架施工组织设计。

(2)原材料复试和焊接工艺评定。

(3)使用的各种测量仪器必须进行计量复验。

(4)按施工平面布置图划分:材料堆放区、拼装区、吊装区。

(5)根据土建提供的纵、横轴线和水准点,进行验线。

(6)本工程螺栓球网架采用地面分块拼装、吊装至脚手架上进行空中合拼、分条进行空中滑移的方案进行安装。拼装前及时搭设好起步脚手架。

(7)检查成品件、零部件几何尺寸、编号、数量等。

(8)做好相关螺栓球测试、检验报告等,以及安全、消防准备工作。

(9)测量工、起重工、焊工、电工必须持证上岗,焊工在进场前还需参加培训,经现场考试合格后才能进入施工现场。

二、螺栓球网架安装

1. 螺栓球网架拼装

(1)拼装工艺流程

螺栓球网架拼装工艺流程如图 2. 51 所示。

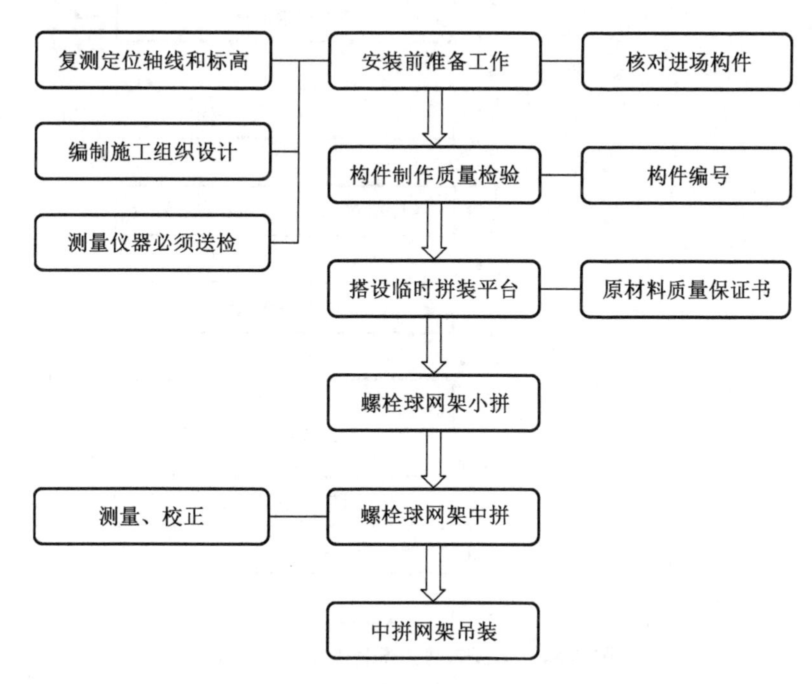

图 2. 51　螺栓球网架拼装工艺流程

(2)安装方法概述

本工程网架为螺栓球四角锥结构,根据本工程网架具体情况和现场周围环境条件及吊装设备情况,也考虑到费用较经济等多方面因素,确定本工程 100.8 m×70 m 螺栓球网架,采用地面中拼、高空滑移拼装安装方案。

2.焊接球网架安装

(1)安装操作工艺

焊接球网架安装操作工艺如图 2.52 所示。

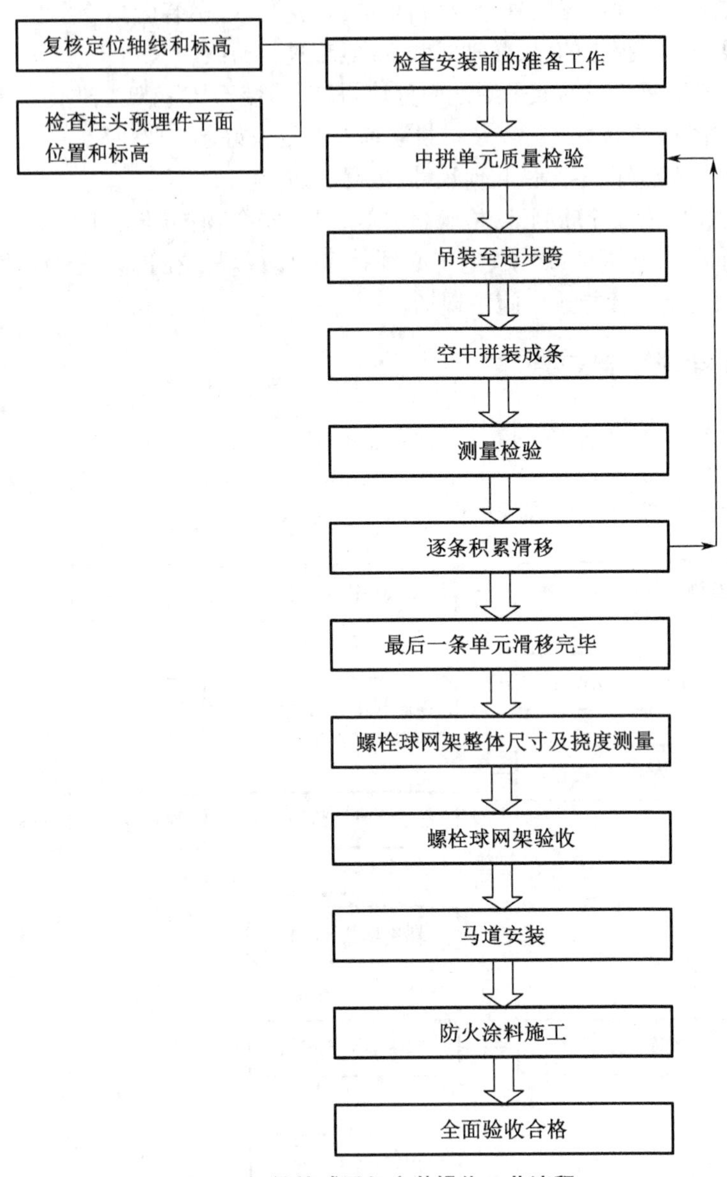

图 2.52 焊接球网架安装操作工艺流程

(2)底部支座安装

底部支座安装的准确性直接关系到上部球壳的安装精度,在安装支座前应对支座安装位置埋件钢板标高进行复测，相邻两埋件板高差不大于 5 mm，最高与最低埋件板高差不大于 30 mm，在支座安装位置进行画线定位，确保支座定位精度。

(3)本工程网架采用地面中块组装

用 50 t 吊车吊至已搭设好的起步跨脚手架上方进行高空拼接成条状片，然后采用高空逐条积累安装法进行安装，如图 2.53 和图 2.54 所示。先将条状单元滑移一段距离后(能连接上第二单元的宽度即可)，连接上第二条单元后，两条一起再滑移一段距离(宽度同上)，再接第三条，三条又一起滑移一段距离，如此循环操作直至接上最后一条单元为止。

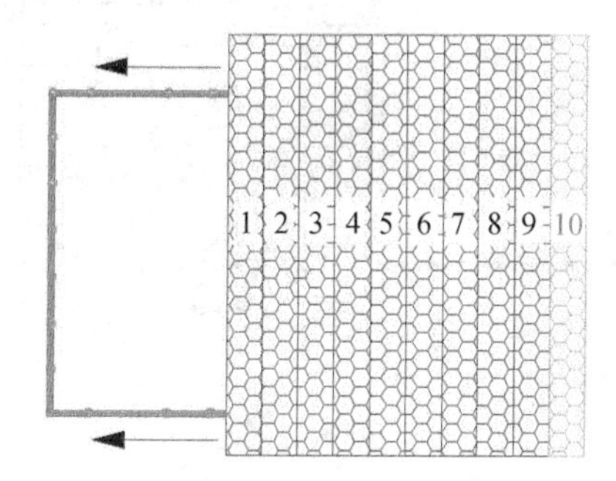

图 2.53　逐条积累法高空滑移示意图

(4)本滑移安装方案中的主要设备及操作详解

①滑轨：本工程滑轨采用 20a 槽钢制作，滑轨采用焊接固定在梁上，其安装水平度及接头要符合有关技术要求。网架在滑移完成后，支座即固定于底板上，以便连接，如图 2.55 所示。

②导向轮：导向轮主要是作为安全保险和限位装置之用，在正常滑移时导向轮与导向轨脱开，其间隙为 10～20 mm，只有当同步差超过规定值或拼装误差在某处较大时二者才碰上，如图 2.55 所示。但是在滑移过程中，当左右两手拉葫芦拉伸不同时时也会造成导向轮顶上滑轨的情况。

(5)拼装操作

滑移平台由钢管脚手架支撑组成，如图 2.54(b)所示，起始点利用已建好的观众看台，高度比螺栓球网架下弦低 40 cm，以便在网架下弦节点与平台之间设置千斤顶，用以调整标高，平台上面铺设安装临时平台，平台宽度略大于 2 个节间。

螺栓球网架先在地面将杆件拼装成中拼单元，具体拼装步骤如图 2.56～图 2.58 所示，然后用 50 t 汽车吊按组装顺序吊到拼接平台上进行扩大拼装。每节间单元螺栓球网架拼接顺序，由跨中向两端对称进行拧螺栓。牵引用 20 t 手拉葫芦进行。牵引点应分散设置，滑移速度应同步进行。在滑移时两边应由专门人员检测滑移距离，以便集中于指挥台随时观察牵引点移动情况，读数精确度控制在 5 mm。

(6)挠度控制

当螺栓球网架逐条积累滑移时，网架的受力情况仍然是两端自由搁置的主体桁架。因而滑移时网架虽然仅承受自重，但其挠度仍较形成整体后大，因此在连接新的单元前，必须对已经滑移好的部分网架进行挠度调整，然后再拼接。

在滑移时应加强对施工挠度的观测，随时调整。

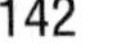

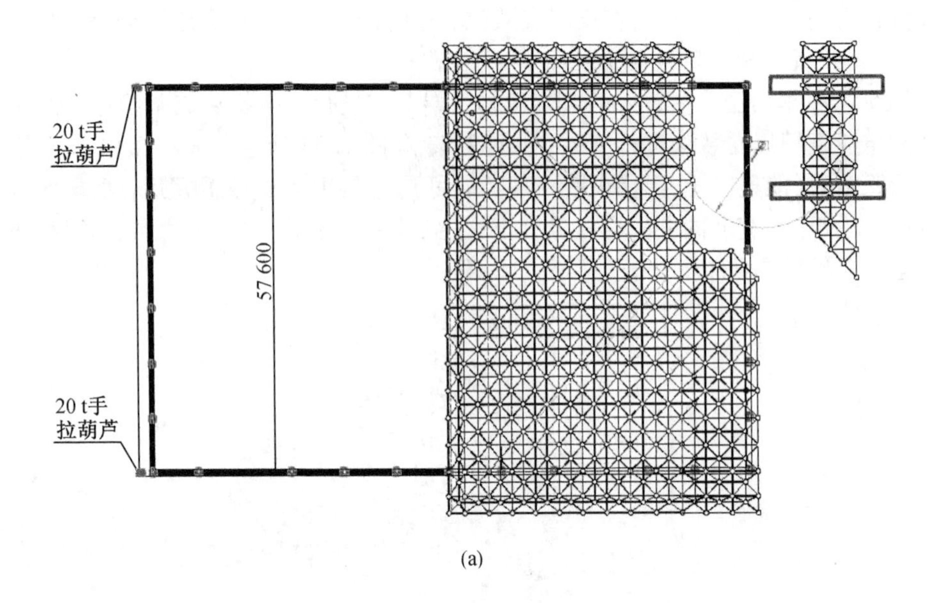

(a)

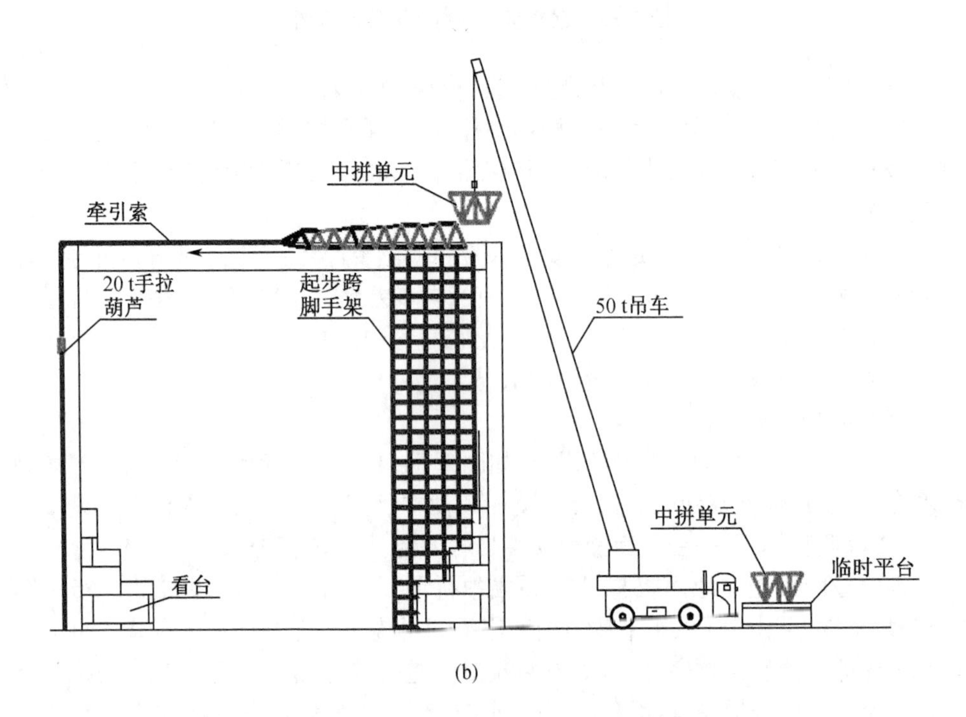

(b)

图2.54　本工程用高空滑移法安装网架结构示意图

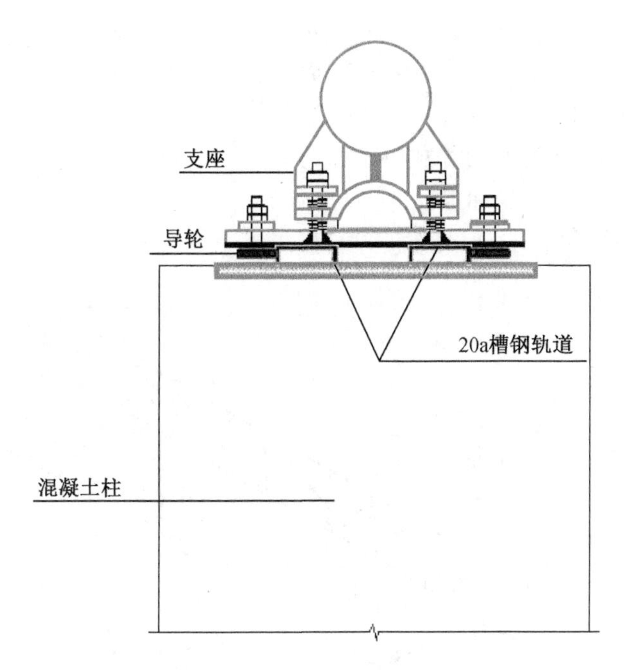

图 2.55　轨道与导轮设置

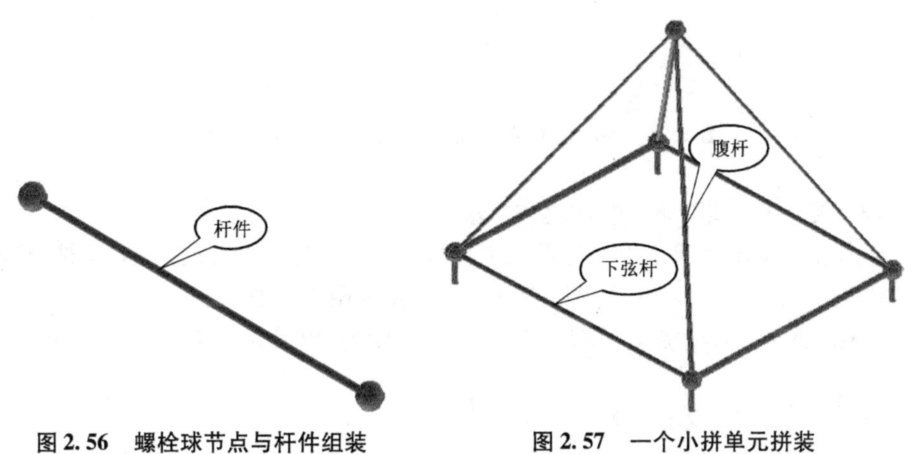

图 2.56　螺栓球节点与杆件组装　　　　图 2.57　一个小拼单元拼装

(7)网架安装的测量与控制

①根据本工程螺栓球网架的施工工艺流程和工艺特点,遵循"在满足工程进度和精度的前提下,尽量做到省工、省时、省费用"的施工测量基本原则。

②首先按照平面控制网的精度要求建立钢结构螺栓球网架施工控制网,平面精度不低于 ±1.5 mm,高程精度不低于 ±1.5 mm。

③螺栓球网架的施工测量必须与安装建立密切联系,通过双方计算数据的统一、控制网和轴线点的相互检验和数据共享,达到承前启后,顺利施工的目标。

④在施工过程中根据需要增加轴线点。为了与设计图纸坐标一致,将轴线点与其他平面控制点坐标换算成施工相对坐标系坐标(笛卡儿坐标),换算公式为

$$Y = (x - x_0)\cos \Phi + (y - y_0)\sin \Phi$$
$$X = -(x - x_0)\sin \Phi + (y - y_0)\cos \Phi$$

式中 X、Y——施工相对坐标；

x、y——所在城市坐标系坐标；

x_0、y_0——中心点坐标；

Φ——换算角。

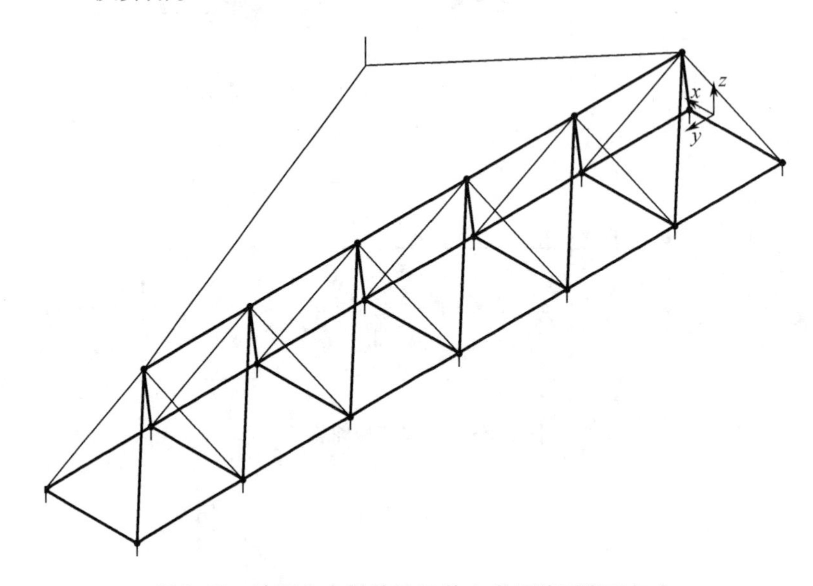

图2.58 地面上中拼单元组装完成吊装到脚手架上

(8)螺栓球网架测量控制前提和要求

①在四个角的支座上方各搭设一个测量操作平台,平台必须保证安全性、稳固性,在平台下方布置一个半永久性控制点用以控制网架的节点。

②网架安装前,检测支撑脚手架体系顶部标高,以确保网架安装时控制节点标高。

(9)螺栓球网架表面的测控

在安装完成后,通过天顶仪将控制点竖向传到操作平台,架全站仪在平台上,一起调平以后,后视同样高度通过天顶仪竖向传递到操作平台的控制点,计算出一起指点的坐标,将仪器转角到已知半球的中心交叉点,通过仪器计算出该点的极坐标,与计算好的该节点的坐标相比较,从而控制节点的坐标位置。

(10)螺栓球网架高程控制如下(三角高程法)

在安装完成后,将已做好的高程网点通过钢盘尺竖向传递到相近主体建筑物上(至少3个),经复核完成后,架全站仪在平台上将仪器视线调到水平,后视传递上来的高程,将仪器仰角至螺栓球中心,得到一个角度和距离,利用三角高程法计算出该球的高程位置,就可以控制该球的高程了。

课 后 巩 固

1. 常用的吊装机械有哪些？分别说明其应用范围。
2. 简述一般单层钢结构安装的流程。
3. 大跨度空间网架结构有几种安装方法？分别说明其适用范围。
4. 试着写出下图钢框架结构的安装顺序。

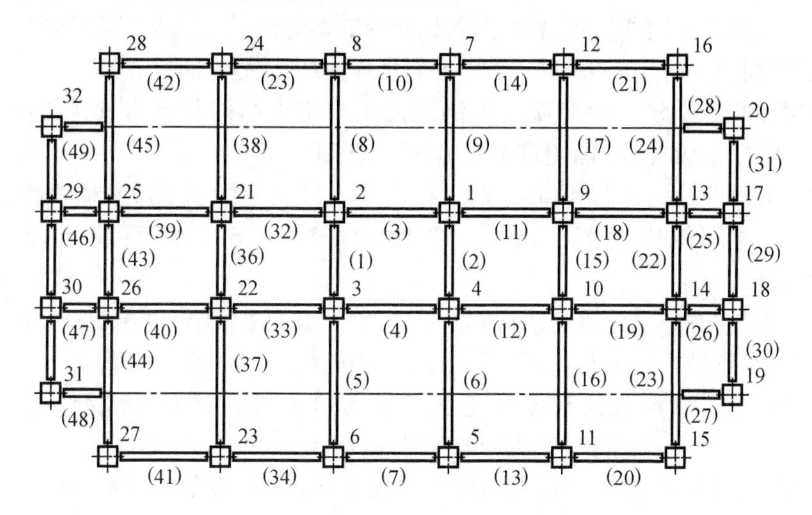

上篇课件

下篇课件

参考文献

[1] 中华人民共和国住房和城乡建设部,中华人民共和国国家质量监督检验检疫总局. 钢结构设计标准:GB 50017—2017[S]. 北京:中国建筑工业出版社,2017.

[2] 中华人民共和国住房和城乡建设部,国际市场监督管理总局. 钢结构工程施工质量验收标准:GB 50205—2020[S]. 北京:中国计划出版社,2020.

[3] 中国建筑标准设计研究院. 多、高层民用建筑钢结构节点构造详图:01(04)SG519[S]. 北京:中国建筑工业出版社,2004.

[4] 中华人民共和国住房和城乡建设部,中华人民共和国国家质量监督检验检疫总局. 建筑结构制图标准:GB/T 50105—2010[S]. 北京:中国计划出版社,2010.

[5] 中国钢结构协会. 建筑钢结构施工手册[M]. 北京:中国计划出版社,2002.

[6] 李顺秋. 钢结构制造与安装[M]. 北京:中国建筑工业出版社,2005.

[7] 中华人民共和国住房和城乡建设部. 建筑工程施工质量验收统一标准:GB 50300—2013[S]. 北京:中国建筑工业出版社,2013.

[8] 侯兆新,何奋韬,何一,等. 钢结构工程施工质量验收规范实施指南[M]. 北京:中国建筑工业出版社,2002.

[9] 路克宽,侯兆新,文双玲. 钢结构工程便携手册[M]. 北京:机械工业出版社,2003.

[10] 沈祖炎,陈扬骥,陈以一. 钢结构基本原理[M]. 北京:中国建筑工业出版社,2000.

[11] 陈建平. 钢结构工程施工质量控制[M]. 上海:同济大学出版社,1999.

[12] 强十渤,程协瑞. 安装工程分项施工工艺手册(第四分册):钢结构与电梯工程[M]. 北京:中国计划出版社,1996.

[13] 侯君伟. 建筑工程施工常用资料手册[M]. 北京:机械工业出版社,2004.